a cura di edited by

Bruno Tonini

Grafica e Industria
Graphics and Industry

Cataloghi commerciali del design italiano 1906 - 2002
Italian design commercial catalogues 1906 - 2002

prefazione di preface by

CHANTAL LACHKAR

Scale e gradinate, Società del Linoleum - Società Grafica G. Modiano, Milano, senza data / n.d. [1935 ca.]

Corraini Edizioni

Mk 2 la sedia d'oggi, Milano, Tecno, senza data / n.d. [1966]

Sommario Contents

Prefazione

CHANTAL LACHKAR

9 settembre - 24 dicembre 2015
Bibliothèque des Arts Décoratifs
Parigi - 111, rue de Rivoli

Impegnati a congiungere il bello all'utile, a insufflare il vento della creazione nel nostro quotidiano, Les Arts Décoratifs non hanno smesso, dalla loro origine nel 1864, di promuovere oggetti e documenti portatori di creatività e "saper fare".

È in questa prospettiva che, oltre all'oggetto raro e prezioso, l'Istituzione ha sempre valorizzato questi "quasi niente", questi oggetti anodini testimoni dell'"intelligenza della mano" e rivelatori di un approccio sensibile dei materiali e delle forme.

In tal modo, la Bibliothèque des Arts Décoratifs ha proceduto ad un'attenta raccolta di tutta questa documentazione prodotta dai creatori, dai produttori, dai distributori. Considerati come semplici veicoli pubblicitari, questi cataloghi od opuscoli sono anche dei formidabili strumenti di diffusione degli stili emergenti e innovativi che hanno punteggiato tutto il XX secolo.

Tra le migliaia di documenti conservati, più di 4.000 cataloghi commerciali – cataloghi di negozi o di vendita per corrispondenza, dedicati all'arredamento, alle arti domestiche, agli abiti e agli accessori, ai giocattoli – costituiscono uno degli esempi principali di questa collezione di oggetti effimeri.

L'attenzione particolare riservata qui ai cataloghi commerciali di design italiani, pubblicati dal 1906 alla fine del XX secolo, intende fornire, senza pretese di esaustività, spunti di riflessione sullo status di questi documenti, al di là dell'interrogazione dello sguardo.

Per la maggior parte, essi rivelano la volontà e l'interesse che alcuni industriali o produttori italiani nutrivano nei confronti del mondo della creazione artistica. Il coinvolgimento dei designer stessi o di altri artisti nell'ideazione dei loro cataloghi commerciali è una testimonianza del legame stretto e inventivo tra industria e mondo dell'arte.

Il tratto folgorante dei disegni e delle illustrazioni e l'impaginazione spesso avanguardistica di questi cataloghi li rendono opere a pieno titolo.

Alcuni sono dei veri e propri laboratori sperimentali, come libri d'artista nei quali forma e contenuto si uniscono per diventare un oggetto in sé.

Questa mostra rende dunque omaggio a quell'"oggetto del desiderio" che è il catalogo commerciale, a lungo trascurato perché associato ad una connotazione esclusivamente monetaria, e spesso destinato ad essere utilizzato soltanto il tempo di una stagione.

Preface

CHANTAL LACHKAR

9 September - 24 December 2015
Bibliothèque des Arts Décoratifs
Paris - 111, rue de Rivoli

Committed to combining the beautiful with the useful, directing the wind of innovation into our everyday lives, the Arts Décoratifs has never stopped promoting objects and documents that are bearers of creativity and savoir faire since its founding in 1864.
It is with this in mind that, as well as rare and valuable objects, the Institution has always valued these anodyne, "almost nothing" objects that bear witness to the intelligence of the hand, revealing a sensitive approach to materials and forms.
The Bibliothèque des Arts Décoratifs has carefully collected all of the documents produced by creators, producers and distributors.
Considered as simply publicity vehicles, these catalogues and brochures are also formidable tools of diffusion of the emerging and innovative styles that marked the twentieth century.
Among the thousands of documents, more than 4000 commercial catalogues – shop or mail order catalogues, dedicated to furniture, domestic arts, clothing and accessories, toys – make up one of the prime examples of this collection of ephemeral objects.
Particular attention is paid here to Italian design commercial catalogues published between 1906 and the twentieth century, which is intended to provide, without making any claim to exhaustiveness, food for thought on the status of these documents, going beyond the simple interrogation of the gaze.
For the most part, they reveal the willingness and interest that some Italian industrialists and producers had towards the world of artistic creativity. The involvement of designers themselves or of other artists in the creation of their commercial catalogues is a testimony to the close and inventive ties between industry and the world of art.
The dazzling collection of drawings and illustrations, and the layout of these catalogues often make them works of art in their own right. Some of them are truly experimental, such as artist's books in which form and content combine to become an object in itself.
This exhibition pays homage to the "object of desire" that is the commercial catalogue, long over-looked due to exclusively monetary connotations and the idea that it is only to be used for one season.

Premessa

BRUNO TONINI

Questo catalogo descrive e illustra una raccolta di opuscoli commerciali, depliant e volantini pubblicitari di aziende italiane produttrici di mobili, complementi d'arredo e materiali per la casa.
La ricerca si è rivolta principalmente alle aziende la cui attività progettuale ha influenzato gli stili e l'estetica del design, in alcuni casi si è tenuto conto esclusivamente dell'alto valore grafico del documento anteponendolo al suo significato storico.
"Nati solitamente per un obiettivo immediato, presentare o vendere un prodotto, la loro esistenza è effimera («ephemera» sono spesso definiti sul mercato librario), il loro destino era ed è il cestino della spazzatura. Esaurita la missione dell'esser veduti e consultati non trovano posto in libreria. Forse per questo non ci si dava pena di mettere una data né il nome dell'artista, perché non era arte da prendersi sul serio quella pubblicitaria, solo i professionisti e quei pazzi dei futuristi lo potevano pensare. Eppure questi effimeri opuscoli a volte sorprendono tanto sono belli e comunicativi, tanto possono evocare invenzioni, drammi, imprese memorabili: veri propri fossili dell'età industriale"[1].
Una parte dei materiali descritti non è datata e non porta menzione dei grafici e delle agenzie a cui furono commissionati. Si è ovviato a questo problema di schedatura ordinandoli alfabeticamente, evidenziando il nome della ditta e quando è stato possibile si è indicato nella descrizione il nome del grafico e dei designer presenti con le proprie realizzazioni.

"Il gusto e la tecnica della pubblicità variano da paese a paese e corrispondono esattamente allo stato di civiltà artistica ed economica dell'uomo. Pochissime cose stabiliscono, forse, con altrettanta sicurezza qual è il clima morale ed economico di una nazione: la pubblicità subisce, come tutte le altre merci, talune leggi di ambiente; e, come non esiste la fabbricazione di un prodotto inutile, non esiste una pubblicità senza rapporto con talune esigenze concrete"[2].
Il ruolo della grafica e della comunicazione nella crescita produttiva del design italiano, è sempre passato in secondo piano rispetto all'importanza fisica dell'oggetto. Alla fine degli anni Cinquanta il dibattito sull'importanza della grafica nella produzione del design la vedeva confinata al rango di arte minore. Ancora nel 1962, Alberto Rosselli dalle pagine di "Stile Industria" scriveva: "Se infatti

la grafica in linea di principio si può considerare nella stessa sfera d'azione del disegno industriale (in un processo che va dal disegno, alla produzione, al mercato) le espressioni grafiche indirizzate in massima parte verso un'azione pubblicitaria non permettono confronti ed argomentazioni omogenei con il procedimento dell'industrial design che si rivolge soprattutto oggi ad una approfondita ricerca di carattere operativo all'interno dell'industria"[3]. Eppure pochi anni prima, nel 1958, Gillo Dorfles aveva definitivamente cancellato la distinzione tra arti maggiori e arti minori: "Non ho bisogno d'insistere sull'importanza che ha la pubblicità su tutta quanta la struttura economica e sociale dei nostri giorni; ma quello che mi sembra opportuno sottolineare qui è il suo peso nel settore artistico. È vero bensì che le forme d'arte d'avanguardia hanno profondamente influenzato il cartellone pubblicitario, tanto che [...] da Toulouse Lautrec a Bonnard, da Cappiello a Cassandre, da Herbert Bayer a Lustig, a Huber, a Pintori possiamo puntualizzare quasi una sorta di 'pinacoteca minore' nella quale i vari movimenti percorsi dall'arte moderna e i vari stili della stessa si ripresentano puntualmente [...]. Non dobbiamo del pari, misconoscere l'importanza che la pubblicità – specie nel suo aspetto grafico – ha avuto sull'arte 'pura'. I confini sono molto sfumati: non sapremmo decidere sin dove giunga il fatto artistico e sin dove il fatto pubblicitario"[4].
In realtà i prodotti italiani del design sono sempre stati sinonimo di originalità ed eleganza, una connotazione distintiva che ha sempre favorito la funzione comunicativa dei suoi oggetti, questa consapevolezza è ben presente in protagonisti come Gio Ponti, Joe Colombo ed Ettore Sottsass che oltre a disegnare "gli oggetti" progettavano personalmente i cataloghi su cui poterli presentare. Lo stesso approccio metodologico emerge anche nelle pubblicazioni realizzate da Antonio Boggeri, Erberto Carboni, Fortunato Depero, Carlo Dradi, Enzo Mari, Guido Modiano, Gabriele Mucchi, Bruno Munari, Giuseppe Pagano, Giovanni Pintori, Ricas, Luigi Veronesi e molti altri ancora, i quali concorsero tutti a trasformare l'idea tradizionale di grafica in un vero e proprio strumento coordinato al design il cui compito era ed è ancora oggi, quello di scrivere lo scenario e lo stile di un'azienda e dei suoi prodotti.

1 Cfr. Tonini P., *Design del libro e storia dell'industria*, Gussago, L'Arengario, 2013, pag. 3.
2 Cfr. Persico E., *Sulla pubblicità*, scritto inedito, (1935) in Veronesi G., *Persico Edoardo. Tutte le opere 1923 - 1935*, Milano, 1964, pag. 288.
3 Cfr. Rosselli A., *Grafici e Industrial Design* (in "Stile Industria" n. 37), Milano (1962 aprile).
4 Cfr. Dorfles G., *Le oscillazioni del gusto*, Milano, Lerici, 1958, pp.160-163.

Introduction

BRUNO TONINI

This catalogue describes and illustrates a collection of commercial flyers, leaflets and brochures from Italian producers of furniture and household goods. Research has been focused principally on those companies whose designs have influenced styles and design aesthetics, and in some cases the graphic value of the document has taken precedence over its historical significance.
"Created for an immediate purpose, to present or sell a product, their existence is ephemeral (they are often known as «ephemera» on the book market), their fate was, and still is, the rubbish bin. Once their mission of being seen and consulted was complete, they find no place on the bookshelf. Maybe this is why often the artist's name or the date of the work was not included, because it was not intended to be taken seriously as art, only professionals and those loony Futurists would think such a thing. Yet these ephemeral pamphlets sometimes surprise with how beautiful and communicative they are, they can evoke intentions, dramas, memorable experiences: real fossils of the industrial age." [1]
Some of the featured material is undated and does not mention the graphic artists or agencies that were commissioned. This problem has been solved by sorting the catalogues alphabetically, highlighting the company name and, when possible, the name of the artist and designer together with their creations.

"The taste and technique of advertising vary from country to country and they correspond to the state of man's artistic and economic civilisation. Very few things define with such certainty the moral and economic climate or a nation: advertising suffers, as all other commodities, from certain environmental laws. As there is no such thing as the creation of a useless product, nor is there such thing as advertising without some sort of relationship with certain concrete demands." [2]
The role of graphic and communication in the productive growth of Italian design has always been overshadowed by the prominence of the physical object. At the end of the 1950s, the debate on the importance of graphics in design production saw it confined to the rank of minor art. Even in 1962, Alberto Rosselli wrote in "Stile Industria," "if graphic design can indeed be considered in the same scope as industrial design (in a process that goes from the design to production and then to the

market), graphics that are mainly directed towards a marketing campaign do not allow for comparisons or arguments that are consistent with the process of industrial design, which nowadays aims especially at thorough operational research within the industry"[3]. Just a few years earlier in 1958, Gillo Dorfles completely did away with the distinction between fine arts and minor arts: "I don't need to insist on the importance of advertising on the entire social and economic structure of our age, but it seems appropriate to highlight its weight in the arts. It is true that the avant-garde has profoundly influenced poster advertising [...] from Toulouse Lautrec to Bonnard, from Cappiello to Cassandre, from Herbert Bayer to Lustig, Huber, and Pintori, we can almost pinpoint a sort of 'minor art gallery' in which the various movements of modern art regularly recur. [...] Similarly, we should not ignore the importance that advertising - particularly in its look and feel - had had on 'pure' art. The boundaries are extremely vague: we wouldn't know how to decide where art ends and advertising begins"[4] .
In reality, Italian design products have always been synonymous with originality and elegance, a distinctive connotation that has always favoured the communicative function of its objects, this awareness is clearly present with protagonists such as Gio Ponti, Joe Colombo and Ettore Sottsass who, as well as designing "objects", also created the catalogue in which they were presented. The same methodological approach is also evident in publications by Antonio Boggeri, Erberto Carboni, Fortunato Depero, Carlo Dradi, Enzo Mari, Guido Modiano, Gabriele Mucchi, Bruno Munari, Giuseppe Pagano, Giovanni Pintori, Ricas, Luigi Veronesi and many others. They all contributed to transforming the traditional idea of graphic design into a real tool that was coordinated with design and whose objective was, and still is, to set the scene and style of a company and its products.

1 See Tonini P., *Design del libro e storia dell'industria*, Gussago, L'Arengario, 2013, pag. 3.
2 See Persico E., *Sulla pubblicità*, unpublished article, (1935) in Veronesi G., *Persico Edoardo. Tutte le opere 1923 - 1935*, Milan, 1964, pag. 288.
3 See Rosselli A., *Grafici e Industrial Design* (in "Stile Industria" n. 37), Milan (1962 April).
4 See Dorfles G., *Le oscillazioni del gusto*, Milan Lerici, 1958, pp.160-163.

Memphis, Milano, 1986

Grafica e Industria
Graphics and Industry

Cataloghi commerciali
del design italiano 1906 - 2002
Italian design commercial
catalogues 1906 - 2002

AB

1

1 ***[Cartella con tavole sciolte]***, senza luogo, senza data [1930 ca.], 46x32 cm, cartella in similpelle con una vignetta figurata impressa in oro al piatto anteriore. Pubblicazione priva di dati tipografici, contenente 36 tavole sciolte stampate al recto di cui 18 a colori con disegni di ambienti e 18 in bianco e nero con rilievi geometrici e progettuali di ciascun arredo.

1 ***[Folder with loose sheets]***, n.p., n.d. [ca. 1930], 46x32 cm, imitation leather folder with a figurative gold embosses sticker on the front cover. The publication does not have any typographic data. It contains 36 loose sheets printed on the recto, 18 of which are colour with drawings of environments and 18 in black and white, with geometric reliefs and designs of each piece of furniture.

1

ALCHIMIA (studio)

2

Studio Alchimia, Milano, Alchimia Editore, 1981, 29,7x20,7 cm, 4 fascicoli, 1 busta allegata, insieme di 4 cataloghi pubblicati dallo Studio Alchimia di Milano riuniti in una busta intestata dello studio.
2 ***Stanze un'idea per la casa***, pp.24, fascicolo interamente illustrato con progetti in bianco e nero di Arduino Cantafiore, Achille Castiglioni, Costantino Dardi, Alessandro Mendini, Adolfo Natalini, Paolo Portoghesi.
3 ***Il mobile infinito***, pp.[48], fascicolo interamente illustrato con disegni al tratto di Alessandro Mendini ed immagini fotografiche di lampade e decorazioni d'interni progettati da Piero Castiglioni, Sandro Chia, Enzo Cucchi, Bruno Munari, Gio Ponti, Ettore Sottsass e altri. Testi di Rosa Maria Rinaldi, Alessandro Mendini e Achille Bonito Oliva. Design grafico di Mauro Panzeri.
4 ***Bau.haus art Collection***, pp.[36], catalogo interamente illustrato con immagini fotografiche e disegni al tratto di lampade, tavoli, librerie, divani, tappeti, disegnati da Michele De Lucchi, Ettore Sottsass, Paola Navone, UFO, Daniela Puppa, Andrea Branzi. Didascalie in italiano e inglese. Design grafico di Bruno Gregori.
5 ***Architetture sussurranti***, catalogo per realizzare mostre di architettura e design, pp.[110] stampate al solo recto, fascicolo interamente illustrato con testi e disegni di Carla Ceccariglia, Franco Raggi, Paolo Melis, Piercarlo Bontempi, Andrea Branzi, Alessandro Mendini, Ettore Sottsass e altri.

Studio Alchimia, Milan, Alchimia Editore, 1981, 29,7x20,7 cm, 4 booklets and 1 envelope, together with 4 catalogues published by Studio Alchimia from Milan in a company envelope.
2 ***Stanze un'idea per la casa***, pp.24, fully illustrated booklet with black and white drawings by Arduino Cantafiore, Achille Castiglioni, Costantino Dardi, Alessandro Mendini, Adolfo Natalini, Paolo Portoghesi.
3 ***Il mobile infinito***, pp.[48], fully illustrated booklet with drawings by Alessandro Mendini and photographs of lamps and ornaments designed by Piero Castiglioni, Sandro Chia, Enzo Cucchi, Bruno Munari, Gio Ponti, Ettore Sottsass and others. Texts by Rosa Maria Rinaldi, Alessandro Mendini and Achille Bonito Oliva. Graphic design by Mauro Panzeri.
4 ***Bau.haus art Collection***, pp.[36], fully illustrated catalogue with photographs and drawings of lamps, tables, bookcases, sofas and rugs designed by Michele De Lucchi, Ettore Sottsass, Paola Navone, UFO, Daniela Puppa, Andrea Branzi. Captions in Italian and English. Graphic design by Bruno Gregori.
5 ***Architetture sussurranti***, catalogue for creating exhibitions on architecture and design, pp.[110] printed only on the recto, fully illustrated booklet with tests and drawings by Carla Ceccariglia, Franco Raggi, Paolo Melis, Piercarlo Bontempi, Andrea Branzi, Alessandro Mendini, Ettore Sottsass and others.

IL MOBILE INFINITO

3

STUDIO ALCHIMIA
STUDIO ALCHIMIA SRL · PROGETTAZIONI DI IMMAGINI PER IL XX SECOLO · 20121 MILANO · FORO BUONAPARTE 55 · TELEFONO 02/808532 / 8057414 · ITALIA
bau. haus
art collection

4

STUDIO ALCHIMIA
ALESSANDRO MENDINI
1980
POLTRONA DI PROUST
KANDISSONE
KANDISSI
ORIENTED
KANDISSA
ONDOSO

4

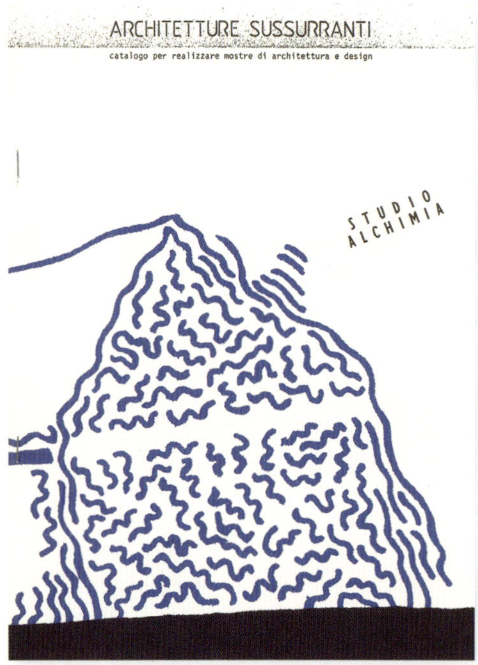
ARCHITETTURE SUSSURRANTI
catalogo per realizzare mostre di architettura e design
STUDIO ALCHIMIA

5

ALESSI (Centro Studi)

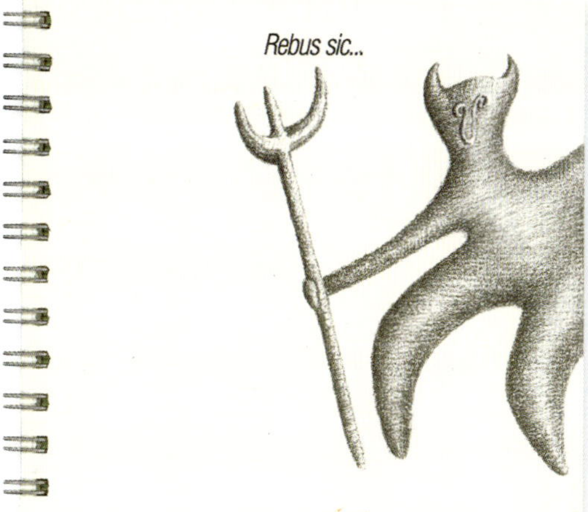

6

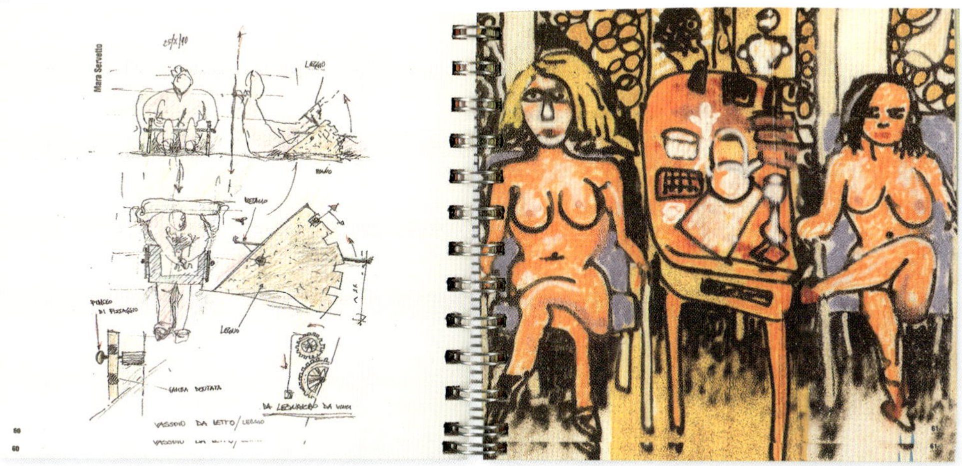

6

6 ***Rebus sic...***, Arti Grafiche Meroni, 1991, 15,5x18 cm, copertina in cartoncino, rilegatura con spirale in metallo, custodia in cartone, pp.280. Catalogo interamente illustrato con immagini fotografiche a colori di oggetti e disegni progettuali realizzati per la Alessi interposte a fotografie di oggetti antichi e culture diverse. Testi di Alberto Alessi, Lucetta Scaraffia, Franco La Cecia. Fotografie di Miro Zagnoli. Testo italiano e inglese. Design grafico di Mauro Panzeri.

6 ***Rebus sic...***, Arti Grafiche Meroni, 1991, 15,5x18 cm, cardboard cover, metal spiral bound, cardboard case, pp.280. Fully illustrated catalogue with colour photographs of objects and designs created for Alessi interposed with photographs of antique objects and different cultures. Texts by Alberto Alessi, Lucetta Scaraffia, Franco La Cecia. Photographs by Miro Zagnoli. Text in Italian and English. Graphic design by Mauro Panzeri.

AMAPANE (Lorenzo)

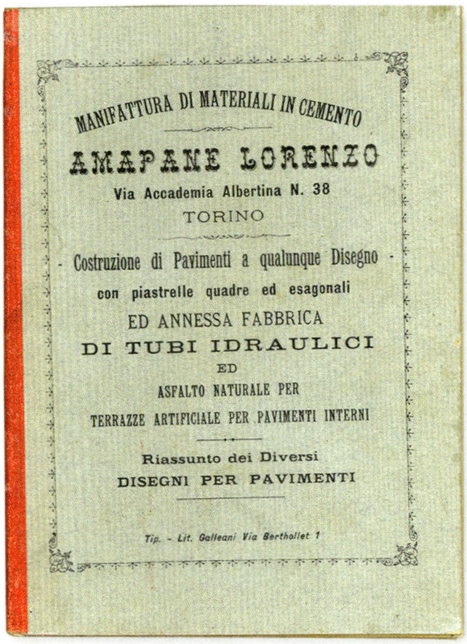

7

7 ***Manifattura di materiali in cemento. Costruzione di pavimenti e qualunque disegno con piastrelle quadre ed esagonali ed annessa fabbrica di tubi idraulici ed asfalto naturale per terrazze artificiale per pavimenti interni***, Torino, Tip. Lit. Galleani, senza data [1910 ca.], 17x12,5 cm, legatura in mezza tela con piatti cartonati, pp.[4], 25 tavole fuori testo con 64 riproduzioni di ceramiche per pavimenti stampate in cromolitografia e 1 vignetta a piena pagina in bianco e nero.

7 ***Manifattura di materiali in cemento. Costruzione di pavimenti e qualunque disegno con piastrelle quadre ed esagonali ed annessa fabbrica di tubi idraulici ed asfalto naturale per terrazze artificiali per pavimenti interni***, Turin, Tip. Lit. Galleani, n.d. [ca. 1910], 17x12,5 cm, bound in cloth with paperboard, pp.4, 25 plates with 64 reproductions of ceramics for pavements printed in chromolithography and 1 full page illustration in black and white.

7

ANTONIOLI (Fratelli)

8

8 ***Lavorazione meccanica del legno. Ditta fratelli Antonioli fu Pietro. Cireggio di Omegna***, Cireggio di Omegna (VB), Studio Apostolo, 1961, 16,7x24,1 cm, brossura con legatura a spirale, pp.66, un fotomontaggio a colori in copertina, 172 illustrazioni in bianco e nero con immagini di scrivanie, librerie, portabiti, portavasi, tavolini, salottini impagliati, sgabelli, lettini, seggioloni, cappellerie e molti altri articoli.

8 ***Lavorazione meccanica del legno. Ditta fratelli Antonioli fu Pietro. Cireggio di Omegna,*** Cireggio di Omega (VB), Studio Apostolo, 1961, 16,7x24,1 cm, paperback with spiral binding, pp.66, colour photomontage cover, 172 black and white illustrations with images of desks, bookcases, clothes stands, flower stands, tables, stools, cots, high chairs, hat boxes and many other items.

9

9 ***Lampade, mobili, oggetti per arredare. Catalogo '70 Italia***, Pero (MI), Poligrafico G. Colombi, 1970, 21x15 cm, brossura in cartoncino plastificato, pp.160, copertina tipografica a colori. Catalogo interamente illustrato con immagini fotografiche a colori e in bianco e nero di lampade, mobili e oggetti progettati da Vico Magistretti, Gae Aulenti, Leonardo Ferrari, Sergio Mazza, Emma Gismondi, Mario Marenco e altri. Testo italiano, francese, inglese, tedesco e spagnolo. Design grafico di Emilio Fioravanti.

9 ***Lampade, mobili, oggetti per arredare. Catalogo '70 Italia***, Pero (MI), Poligrafico G. Colombi, 1970, 21x15 cm, laminated cardboard paperback, pp.160, colour printed cover. Fully illustrated catalogue with colour and black and white photographs of objects designed by Vico Magistretti, Gae Aulenti, Leonardo Ferrari, Sergio Mazza, Emma Gismondi, Mario Marenco and others. Text in Italian, French, English, German and Spanish. Graphic design by Emilio Fioravanti.

9

10 ***Lampade, mobili, oggetti per arredare***, Milano, Artemide s.p.a., 1972, 21x15 cm, brossura in cartoncino plastificato, pp.190-[2], catalogo interamente illustrato con immagini fotografiche a colori di lampade, mobili e oggetti progettati da Gae Aulenti, Livio Castiglioni, Emma Gismondi, Vico Magistretti, Angelo Mangiarotti, Sergio Mazza e altri. Testo italiano, francese, inglese, tedesco e spagnolo. Design grafico di Emilio Fioravanti.

10 ***Lampade, mobili, oggetti per arredare***, Milan, Artemide s.p.a., 1972, 21x15 cm, laminated cardboard paperback, pp.190-[2], fully illustrated catalogue with colour photographs of lamps, pieces of furniture and objects designed by Gae Aulenti, Livio Castiglioni, Emma Gismondi, Vico Magistretti, Angelo Mangiarotti, Sergio Mazza and others. Text in Italian, French, English, German and Spanish. Graphic design by Emilio Fioravanti.

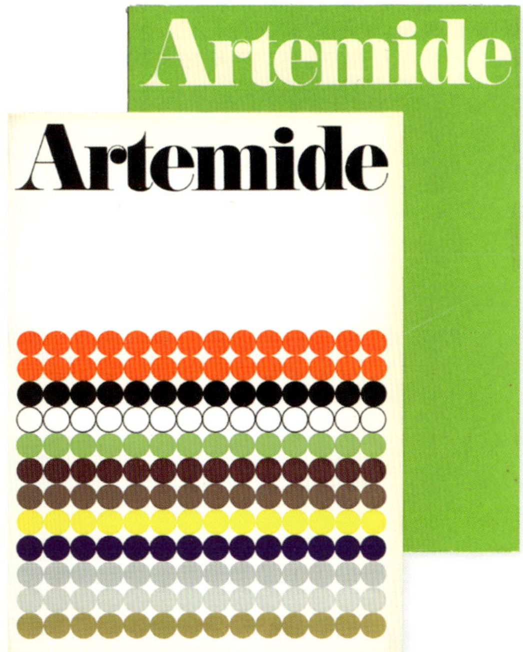

10

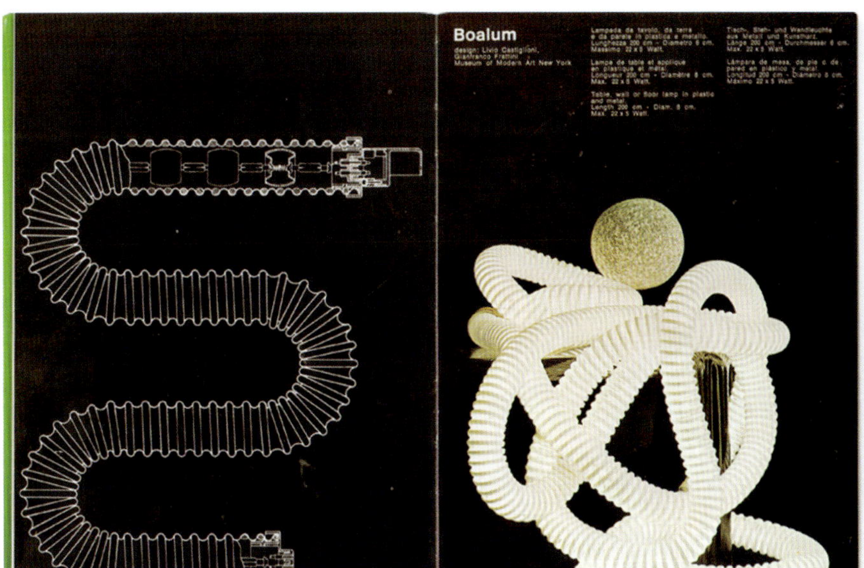

10

BARBINI (Fratelli)

11

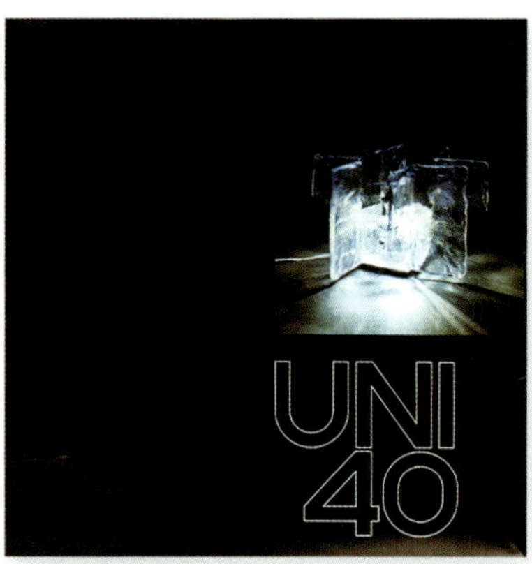

11

11

11 ***Barbini UNI 40***, Maniago, senza data [1980], 22,5x22,5 cm, cartella editoriale cartonata contenente 2 poster ripiegati e 12 tavole sciolte illustrate con immagini fotografiche in bianco e nero di oggetti in vetro soffiato. Design grafico di Flavio Barbini.

volume 11 ***Barbini UNI 40***, Maniago, n.d. [1980], 22,5x22,5 cm, cardboard folder containing 2 folded posters and 12 plates with black and white images of blown glass objects. Graphic design by Flavio Barbini.

BAROVIER & TOSO

12

13

Oltre alla produzione di apparecchi di illuminazione, la Ditta Barovier & Toso si dedica anche alla fabbricazione di ogni tipo di soprammobile in vetro artistico, come vasi, coppe, animali, posacenere, basi per lampada, ecc.

Ecco, ad esempio, una serie di vasi esposti alla recente XI Triennale delle Arti Decorative di Milano (creazioni di Ercole Barovier).

Further to the production of lighting apparatus, the glass factory Barovier & Toso, in also specialized in the manufacturing af all kind of artistic hand-made Venetian glassware, such as vases, bowls, dishes, animals, figurines, lamp bases, etc.

Here are some vases exhibited at the last XI Triennale in Milan. (Designer: Ercole Barovier).

Die Firma Barovier & Toso, weiter die Produktion von Beleuchtungskörper, ist auch spezialisiert in die Herstellung von dekorative Gläser aller Art, wie z. B.: Vasen, Schalen, Figuren, Tiere, Aschern, Lampenfüsse, usw.

Hier sind, zum Beispiel, einige Vasen aussgestellt an der letze XI Triennale in Mailand. (Entwurf: Ercole Barovier).

La Maison Barovier & Toso, en outre la production d'appareils d'éclairage, est aussi specialisé dans la fabrication d'objets d'art comme vases, coupes, cendriers, animaux, figures, bases pour lampe, etc.

Voici une collection de vases exposés à la XI Triennale des Arts décoratifs à Milan. (Creations d'Ercole Barovier).

BAROVIER & TOSO - MURANO

La pubblicazione del presente opuscolo è stata curata dall'Ufficio Propaganda della Ditta Barovier & Toso di Murano.
This booklet has been published by means of the propaganda office of the Barovier & Toso's glass factory.
Diese Broschüre wurde von der Propaganda Büro der Firma Barovier & Toso herausgegeben.
Imprimé par les soins du Bureau de Propagande de la Maison Barovier & Toso.

16

12

13

12 ***Vetrerie Artistiche Riunite. Barovier & Toso***, Murano (Venezia), Barovier Toso, (Officine Grafiche Carlo Ferrari), senza data [1957], 16x24 cm, brossura, pp.16, copertina illustrata a colori (con un disegno di Ercole Barovier), 1 illustrazione a colori e 21 in bianco e nero con riproduzioni fotografiche di lampadari, soprammobili e applicazioni luminose in vetro. Testo italiano, inglese, tedesco, francese.

13 ***L'Arte di lavorare il vetro Barovier & Toso Murano***, Murano, Zinchi, senza data [1965 ca.], 21x23,4 cm, brossura in cartoncino, pp.[62], copertina tipografica a colori, 6 illustrazioni a colori e 1 tavola ripiegata, 50 illustrazioni in bianco e nero e 2 tavole ripiegate. Introduzione di Domenico Porzio. Design grafico di Alberto Gidoni.

12 ***Vetrerie Artistiche Riunite. Barovier & Toso*** Murano (Venice), Barovier Toso, (Officine Grafiche Carlo Ferrari), n.d. [1957], 16x24 cm, paperback binding, pp.16, colour illustrated cover (with a drawing by Ercole Barovier), 1 colour illustration and 21 black and white illustrations with photo reproductions of chandeliers, ornaments and luminous glass objects. Text in Italian, English, German and French.

13 ***L'Arte di lavorare il vetro Barovier & Toso Murano***, Murano, Zinchi, n.d. [ca. 1965], 21x23,4 cm, soft cardboard cover, pp.[62], typographic colour cover, 6 colour illustrations and 1 folded plate, 50 black and white illustrations and 2 folded plates. Introduction by Domenico Porzio. Graphic design by Alberto Gidoni.

BELTRAMI S.A.

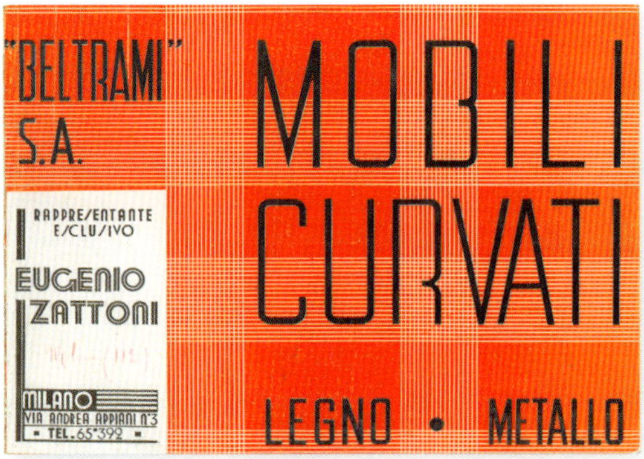

14

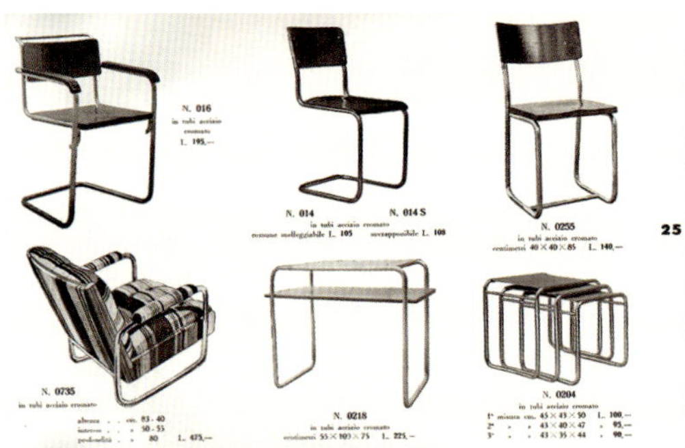

14

14 ***Mobili curvati. Legno - Metallo***, Capriolo (Brescia), Catalogo 12 - Coi Tipi dell'Unione Tipo - Lito Bresciana, 1934, 24x33,3 cm, brossura, pp.31-[1], copertina tipografica con sfondo astratto/geometrico, frontespizio con fotomontaggio a due colori e oltre 100 illustrazioni in bianco e nero nel testo con esempi di sedie e tavoli in legno e metallo, alcuni dei quali progettati da Marcello Piacentini.

14 ***Mobili curvati. Legno - Metallo***, Capriolo (Brescia), Catalogo 12 - Coi Tipi dell'Unione Tipo - Lito Bresciana, 1934, 24x33,3 cm, paperback binding, pp.31-[1], typographic cover with abstract/geometric background, title page with photo montage in two colours and over 100 black and white illustrations with examples of wooden and metal chairs and tables, some designed by Marcello Piacentini.

BERARDI

15

15 ***Fabbrica di ceramiche Berardi***, Gualdo Tadino, Ceramiche Berardi, senza data [1925 ca.], 12x17,5 cm, brossura, pp.[12], copertina illustrata al tratto firmata "Berardi" e una piccola vignetta a colori ritoccata a pochoir.

15 ***Fabbrica di ceramiche Berardi***, Gualdo Tadino, Ceramiche Berardi, n.d. [ca. 1925], 12x17,5 cm, paperback binding, pp.[12], illustrated drawn cover signed "Berardi" and a small colour cartoon, retouched with *pochoir*.

BIEFFEPLAST

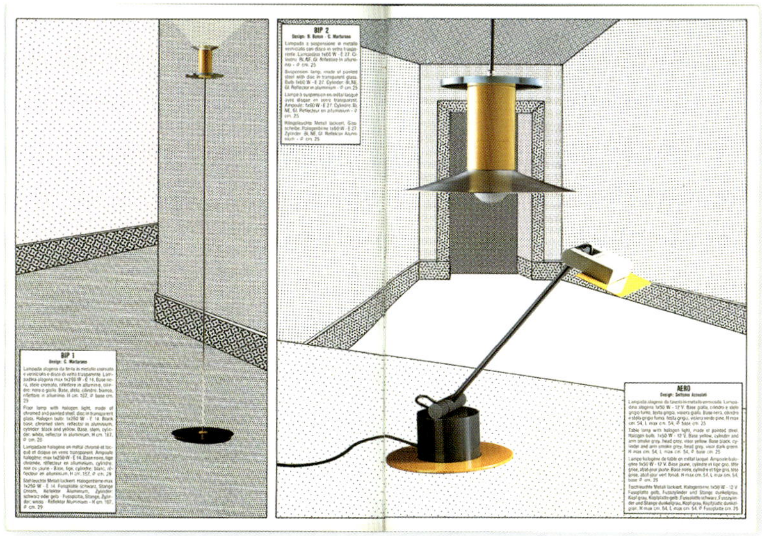

16 16

16 ***Bieffeplast. Lampade - Lamps - Lampes - Lampen***, (Padova), Arti Grafiche Padovane, senza data [1987], 29,5x21 cm, brossura, pp.[16]. Catalogo interamente illustrato con immagini a colori di lampade alogene, lampade da tavolo, lampade a sospensione, disegnate da Michele De Lucchi, Sottsass Associati, Sergio Asti e altri.

16 ***Bieffeplast. Lampade - Lamps - Lampes - Lampen***, (Padua), Arti Grafiche Padovane, n.d. [1987], 29,5x21 cm, paperback binding, pp.16. Fully illustrated catalogue with colour images of halogen lamps, table lamps and hanging lamps designed by Michele De Lucchi, Sottsass Associati, Sergio Asti and others.

17

BITOSSI (Ceramiche)

17 ***Hollywood collection. Disegno di Marco Zanini***, Montelupo Fiorentino (FI), Bitossi, senza data [1980], 29,6x21 cm, depliant a 3 ante (6 facciate) con copertina in bianco e nero, illustrato con 3 immagini fotografiche a colori a piena pagina e 25 illustrazioni a colori con immagini di lampade disegnate da Marco Zanini.

17 ***Hollywood collection. Disegno di Marco Zanini***, Montelupo Fiorentino (FI), Bitossi, n.d. [1980], 29,6x21 cm, brochure with 3 panels (6 sides) with black and white cover, illustrated with 2 full page colour photographs and 25 colour illustrations featuring lamps designed by Marco Zanini.

BOFFELLI OFFICINE G.B.M.

18

18 ***Apparecchi per illuminazione razionale***
Milano, Officine Boffelli Grafiche N. Moneta - Catalogo n.21, 1936, 22,4x15,5 cm, brossura illustrata, pp.56, copertina illustrata a tre colori (bianco, argento e blu), 127 illustrazioni in bianco e nero nel testo con modelli di lampade e lampadari moderni.

18 ***Apparecchi per illuminazione razionale***
Milan, Officine Boffelli Grafiche N. Moneta - Catalogo n.21, 1936, 22,4x15,5 cm, illustrated paperback binding, pp.56, illustrated cover with three colours (white, silver and blue), 127 black and white illustrations in the text with models of modern lamps and chandeliers.

BOGGIALI (Argenterie)

19

19 ***Catalogo generale - ottobre 1935***
Milano, Arti Grafiche Cav. Mario Sejmano, 1935, 23,5x16 cm, brossura, pp.75-[1] (incluse le copertine), copertina a tre colori a firma di "Tabò". Catalogo interamente illustrato con modelli di posate e oggetti d'argento.

9 ***Catalogo generale - ottobre 1935***
Milan, Arti Grafiche Cav. Mario Sejmano, 1935, 23,5x16 cm, paperback binding, pp.75-[1] (including covers), cover with three colours signed "Tabò". Fully illustrated catalogue with models of cutlery and silver objects.

BOLZICCO Fratelli

20

20 ***Fabbrica - sedie curvate tavolini - divani fratelli - Bolzicco***, Manzano (UD), Tipografia Moretti, senza data [1930 ca.], 17,2x24,3 cm, brossura, pp.[32], illustrazione a colori di L. F. Castellani in copertina. Catalogo interamente illustrato con immagini in bianco e nero di sedie, tavolini e attaccapanni.

20 ***Fabbrica - sedie curvate tavolini - divani fratelli - Bolzicco***, Manzano (UD), Tipografia Moretti, n.d. [ca. 1930], 17,2x24,3 cm, paperback binding, pp.[32], colour illustration by L. F. Castellani on the cover. Fully illustrated catalogue with black and white images of chairs, tables and hangers.

BONANOMI (Paolo)

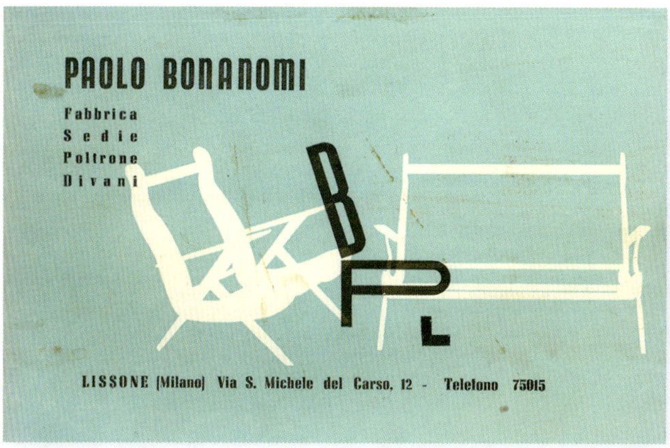

21

21 ***Paolo Bonanomi. Fabbrica Sedie - Poltrone - Divani***, Lissone, Paolo Bonanomi, s.d. [1950 ca.], 16,5x24,7 cm, brossura, pp.[28], copertina illustrata al tratto a tre colori (azzurro, bianco e nero) e 104 illustrazioni in bianco e nero con immagini di sedie, tavoli, divani e poltrone.

21 ***Paolo Bonanomi. Fabbrica Sedie - Divani - Poltrone***, Lissone, Paolo Bonanomi, n.d. [ca. 1950], 16,5x24,7 cm, paperback binding, pp.[28], illustrated cover with three colours (blue, white and black) and 104 black and white illustrations of chairs, tables, sofas and armchairs.

BOURNIQUE S.A.

22

22 ***Decorazione artistica a smeriglio ed a colori. Vetri - Cristalli - Specchi. Molatura - Arrotatura - Curvatura***, Napoli, Bournique S.A., senza data [1931], 17,2x24,5 cm, brossura, pp.47-[1], copertina illustrata a colori con due riquadri fustellati firmata "R. Novelli - Pescara 1931". Catalogo interamente illustrato con immagini di specchi da toilette, modelli di molature, antini rilegati in ottone, decorazioni a smeriglio e vetrate artistiche ecc. con relativi riferimenti tecnici.

22 ***Decorazione artistica a smeriglio ed a colori. Vetri - Cristalli - Specchi. Molatura - Arrotatura - Curvatura***, Naples, Bournique S.A., n.d. [1931], 17,2x24,5 cm, paperback binding, pp.47-[1], illustrated colour cover with two punched out frames signed "R. Novelli - Pescara 1931". Fully illustrated catalogue with images of bathroom mirrors, models of edgers, brass covered objects, decorations made decorations in emery and stained-glass windows with related technical references.

BRANDIGI (Roberto)

23

23

23 ***Roberto Brandigi. Catalogo mobili rustici e di lusso in stile antico e moderno. Eleganti salotti impagliati***, Villombrosa (FI), 1940, 24x17,1 cm, brossura, pp.26-[2], copertina illustrata in bianco e nero e 31 immagini in bianco e nero di salotti, stanze da pranzo, studi, camere da letto.

23 ***Roberto Brandigi. Catalogo mobili rustici e di lusso in stile antico e moderno. Eleganti salotti impagliati***, Villombrosa (FI), 1940, 24x17,1 cm, paperback binding, pp.26-[2], illustrated black and white cover with 31 black and white images of living rooms, dining rooms, studies and bedrooms.

BRIONVEGA

24

24 ***Brionvega: la ragione che disegna la forma. Una forma che nasce dalla funzione. Un'idea che è alla base di tutta la produzione Brionvega***, (Pordenone), S. TI. E. M., senza data [1970], 47,5x51,4 cm, depliant ripiegato più volte illustrato con immagini fotografiche di televisori.

24 ***Brionvega: la ragione che disegna la forma. Una forma che nasce dalla funzione. Un'idea che è alla base di tutta la produzione Brionvega***, (Pordenone), S. TI. E. M., n.d. [1970], 47,5x51,4 cm, folded brochure illustrated with photographs of televisions.

CANZIANI

25

25 ***Prima e più moderna fabbrica italiana. Impianti per vetrine - Facciate - Insegne - Negozi. Supplemento al catalogo generale,*** Milano, G. Canziani, senza data [1934], 23,2x20 cm, brossura, pp.36 incluse le copertine, oltre 200 illustrazioni in bianco e nero con immagini di vetrinette, étagères, ripiani in metallo e altri supporti espositivi.

25 ***Prima e più moderna fabbrica italiana. Impianti per vetrine - Facciate - Insegne - Negozi. Supplemento al catalogo generale,*** Milan, G. Canziani, n.d. [1934], 23,2x20 cm, paperback binding, pp.36 including the covers, more than 200 black and white illustrations showing cabinets, étagères, metal shelves and other display aids.

CASSINA

26

26

26 ***Cassina,*** Meda, Amilcare Pizzi, 1980-81, 28x21 cm, brossura, pp.80, copertina tipografica, 3 ritratti fotografici di Le Corbusier, Gerrit T. Rietveld, Charles R. Mackintosh, 42 illustrazioni e tavole a colori nel testo con mobili e ambienti di Le Corbusier, Rietveld, Mackintosh. Design grafico di E. De Maddalena.

26 ***Cassina,*** Meda, Amilcare Pizzi, 1980-81, 28x21 cm, paperback binding, pp.80, typographic cover, 3 portrait photographs by Le Corbusier, Gerrit T. Rietveld, Charles R. Mackintosh, 42 colour illustrations and plates in the text of furniture and environments by Le Corbusier, Rietveld and Mackintosh. Graphic design by E. De Maddalena.

CERAMICA LIGURE S.A.

27 ***Mosaici di ceramica,*** Milano, E. Berardi & C., 1932, 19x14 cm, brossura, pp.[46], copertina illustrata a colori, 36 tavole a colori stampate al solo recto con esempi di piastrelle, pavimenti e mosaici in ceramica.
28 ***Pavimenti di ceramica,*** Genova, Barabino & Graeve, 1936, 20,2x15,3, legatura editoriale in tela, pp.[172], copertina tipografica. Catalogo interamente illustrato con immagini a colori in bianco e nero.

27 ***Mosaici di ceramica,*** Milan, E. Berardi & C., 1932, 19x14 cm, paperback binding, pp.[46], colour illustrated cover, 36 colour plates printed on the recto featuring examples of ceramic tiles, floors and mosaics.
28 ***Pavimenti di ceramica,*** Genoa, Barabino & Graeve, 1936, 20,2x15,3, edition binding, pp.[172], typographic cover. Fully illustrated catalogue with images in colour and black and white.

27

27

28

28

CHIESA ARREDAMENTI

29

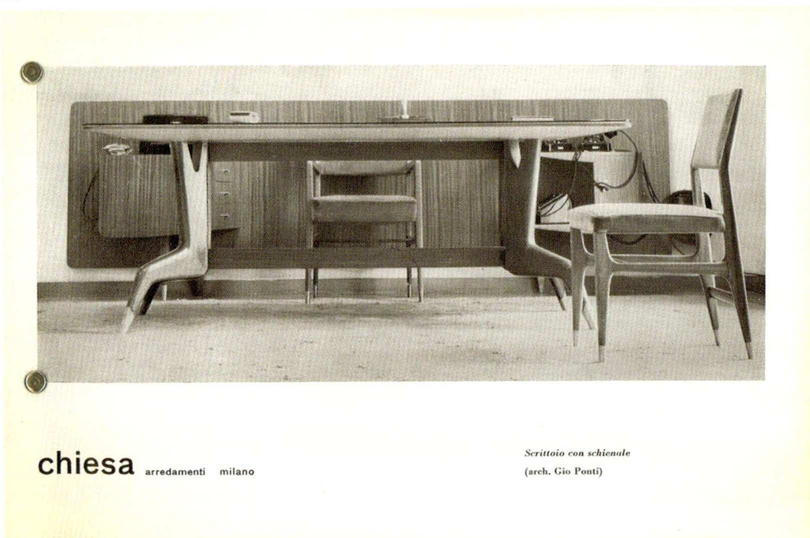

29

29 ***Chiesa arredamenti,*** Milano, senza data [anni '50], 16x24 cm, brossura con borchie metalliche, pp.[26], copertina illustrata con una composizione astratta a colori, 12 tavole in bianco e nero stampate al solo recto con 18 immagini fotografiche di scrittoi, scrivanie, tavolini, sedie, cassettoni e comodini progettati dagli architetti Gio Ponti e Alberto Rossetti. Design grafico di Gio Ponti.

29 ***Chiesa arredamenti,*** Milan, n.d. [1950s], 16x24 cm, paperback binding with metal studs, pp.[26], illustrated cover with an abstract composition, 12 black and white plates printed on the retro with 18 photographs of desks, tables, chairs, chests of drawers and bedside tables designed by the architects Gio Ponti and Alberto Rossetti. Graphic design by Gio Ponti.

CHINI (Pietro)

30

30

30 ***Campionario Laizes,*** (Torino), Fabbrica Italiana Pizzi Chini Pietro, senza data [anni '20], 17x24 cm, legatura editoriale in pelle blu, pp.[2]-[18], copertina tipografica con scritta in oro. Campionario contenente 18 esempi di pizzi originali applicati su un cartoncino azzurro.

30 ***Campionario Laizes,*** (Turin), Fabbrica Italiana Pizzi Chini Pietro, n.d [1920s], 17x24 cm, blue leather edition binding, pp.[2]-[18], typographic cover with gold writing. Samples containing 18 examples of lace applied to blue card.

COLUMBUS

31

31

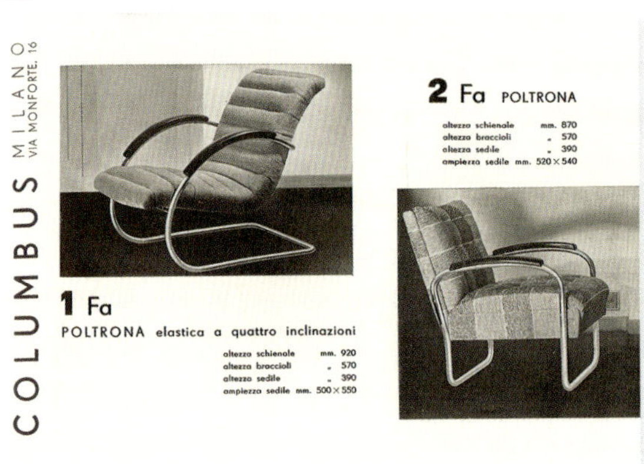

31

31 ***Columbus mobili razionali in tubi e profilati di acciaio e leghe leggere,*** Milano, Editoriale Domus, senza data [1933], 14,8x22,7 cm, brossura con punto metallico, pp.[102], copertina stampata in cromolitografia a tre colori (nero, rosso, argento) e 120 illustrazioni in bianco e nero nel testo con immagini fotografiche di mobili e arredi disegnati da Marcel Breuer, Ercole Faccioli, Ludwig Mies van der Rohe, Giuseppe Pagano e altri.

31 ***Columbus mobili razionali in tubi e profilati di acciaio e leghe leggere,*** Milan, Editoriale Domus, n.d [1933], 14,8x22,7 cm, paperback binding with metal staple, pp.[102], cover printed in chromolithograph with three colours (black, red, silver) and 120 black and white images in the text with photographs of furniture designed by Marcel Breuer, Ercole Faccioli, Ludwig Mies van der Rohe, Giuseppe Pagano and others.

32

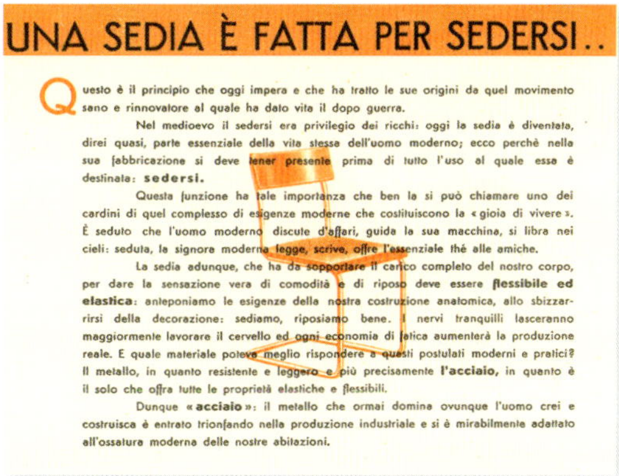

UNA SEDIA È FATTA PER SEDERSI..

Questo è il principio che oggi impera e che ha tratto le sue origini da quel movimento sano e rinnovatore al quale ha dato vita il dopo guerra.

Nel medioevo il sedersi era privilegio dei ricchi: oggi la sedia è diventata, direi quasi, parte essenziale della vita stessa dell'uomo moderno; ecco perchè nella sua fabbricazione si deve tener presente prima di tutto l'uso al quale essa è destinata: **sedersi.**

Questa funzione ha tale importanza che ben la si può chiamare uno dei cardini di quel complesso di esigenze moderne che costituiscono la «gioia di vivere». È seduto che l'uomo moderno discute d'affari, guida la sua macchina, si libra nei cieli: seduta, la signora moderna legge, scrive, offre l'essenziale thé alle amiche.

La sedia adunque, che ha da sopportare il carico completo del nostro corpo, per dare la sensazione vera di comodità e di riposo deve essere **flessibile ed elastica**: anteponiamo le esigenze della nostra costruzione anatomica, allo sbizzarrirsi della decorazione: sediamo, riposiamo bene. I nervi tranquilli lasceranno maggiormente lavorare il cervello ed ogni economia di fatica aumenterà la produzione reale. E quale materiale poteva meglio rispondere a questi postulati moderni e pratici? Il metallo, in quanto resistente e leggero e più precisamente **l'acciaio,** in quanto è il solo che offra tutte le proprietà elastiche e flessibili.

Dunque «**acciaio**»: il metallo che ormai domina ovunque l'uomo crei e costruisca è entrato trionfando nella produzione industriale e si è mirabilmente adattato all'ossatura moderna delle nostre abitazioni.

32

32 ***Una sedia è fatta per sedersi. Mobili razionali Columbus,*** Milano, Columbus, 1934, 31,5x21,8 cm, depliant ripiegato in quattro parti illustrato con 13 modelli di sedie e poltroncine in acciaio. Contiene un testo manifesto sul principio che sta alla base della progettazione di una sedia di tipo razionalista: "una sedia è fatta per sedersi...". Design grafico di Giuseppe Pagano.

32 ***Una sedia è fatta per sedersi. Mobili razionali Columbus,*** Milan, Columbus, 1934, 31,5x21,8 cm, fourfold brochure illustrated with 13 models of steel chairs and armchairs. It contains a manifest text on the underlying design principle of a Rationalist chair: "a chair is made for sitting...". Graphic design by Giuseppe Pagano.

2

COVA

33

33

34

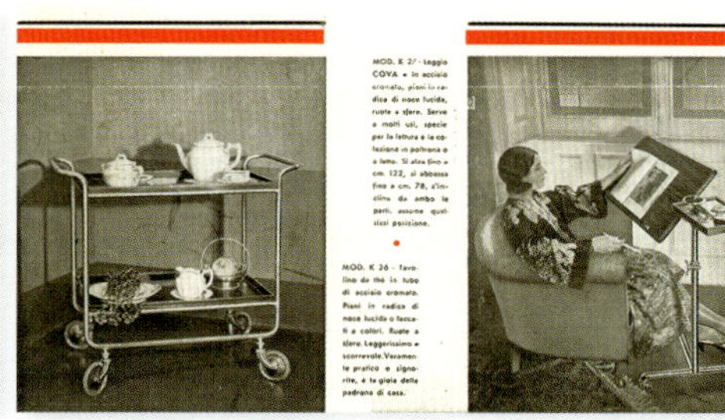

34

33 ***Cova. Mobili acciaio cromato Milano***, Milano, Pizzi & Pizio, 1935, 16,6x24,5 cm, brossura, pp.[8] disposte a rubrica, copertina illustrata a colori. Catalogo illustrato con 44 immagini a colori di mobili, sedie, poltrone, salotti, librerie, scrivanie e sgabelli realizzati in acciaio cromato disegnati da Agnoldomenico Pica e da altri architetti.

34 ***Il mobile di acciaio cromato,*** Milano, 1937, 28,4x44,5 cm, depliant ripiegato in sei parti, illustrato con 12 immagini in bianco e nero.

35 ***Mobili cromati Cova, Milano,*** Pizzi & Pizio - Milano - Roma, 1937-1938, 16x23 cm, brossura, pp.24, un fotocollage a colori in copertina. Catalogo interamente illustrato con immagini a colori di mobili e arredi progettati da Agnoldomenico Pica e da altri architetti.

33 ***Cova. Mobili acciaio cromato Milano,*** Milan, Pizzi & Pizio, 1935, 16,6x24,5 cm, paperback binding, pp.[8] thumb index, colour illustrated cover. Illustrated catalogue with 44 colour images of furniture, chairs, armchairs, sofas, bookcases, desks and stools made in chromed steel designed by Agnoldomenico Pica and other architects.

34 ***Il mobile di acciaio cromato,*** Milan, 1937, 28,4x44,5 cm, folded brochure in six parts, illustrated with 12 black and white images.

35 ***Mobili cromati Cova, Milano,*** Pizzi & Pizio, Milan - Rome, 1937-1938, 16x23 cm, paperback binding, pp.24, colour photo collage cover. Fully illustrated catalogue with colour images of furniture designed by Agnoldomenico Pica and other architects.

MOBILI CROMATI COVA
MILANO

35

35

Mod. C 45 - Poltroncina sovrapponibile.
Modello " Super " - Poltroncina sovrapponibile cromata, con sedile in cellophane o cellolegno.
COVA
Mod. C 3 - Poltrona flessibile rotonda con legno curvato.
Mod. " Boudoir " - Poltroncina flessibile imbottita.
Mod. C 41 - Poltrona flessibile imbottita.
Mod. Torino - Poltroncina girevole imbottita.
4
Tipo Mare - Poltrona cromata imbottita
Mod. P 25 - Poltrona flessibile imbottita.
Mod. P 24 - Poltrona flessibile normale a cuscini mobili.
Mod. Z 35 - Grande poltrona flessibile a cuscini mobili.
Mod. Z 40 - Poltrona grande flessibile imbottita.
5

36

36 ***I modelli,*** Bologna, Tipografia S.A.R., senza data [1950 ca.], 23,5x14,5 cm, brossura con cucitura a macchina, pp.[6 incluse le copertine illustrate a colori]. Depliant illustrato con 18 immagini fotografiche in bianco e nero di poltrone e divanetti disegnati dall'architetto A. Villani.

36 ***I modelli,*** Bologna, Tipografia S.A.R., n.d. [ca. 1950], 23,5x14,5 cm, paperback with stitched binding, pp.[6 including colour illustrated covers]. Brochure illustrated with 18 black and white photographs of armchairs and sofas designed by the architect A. Villani.

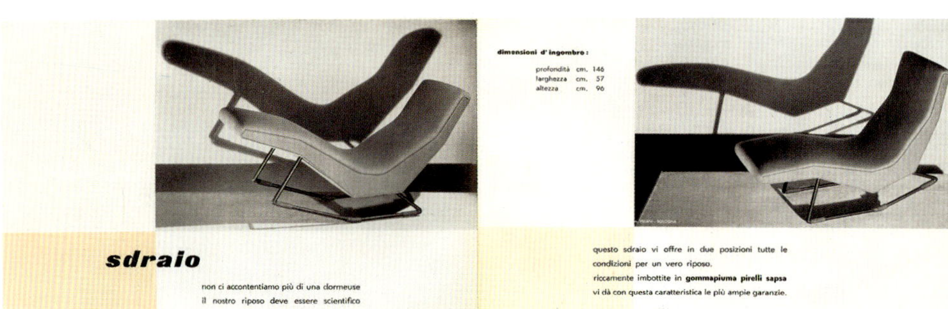

36

CRESPI (Pietro)

37

37 ***Mobili metallici in tubo curvato. Arredamenti metallici,*** Milano, Ditta Pietro Crespi, senza data [1935], 16,8x24,7 cm, brossura con punti metallici, pp.[46] disposte a rubrica. Copertina illustrata a tre colori, 90 illustrazioni in bianco e nero con immagini fotografiche di scrivanie, poltrone, sedie, sgabelli e porta abiti con schede tecniche. Design grafico di Gabriele Mucchi.

37 ***Mobili metallici in tubo curvato. Arredamenti metallici,*** Milan, Ditta Pietro Crespi, n.d. [1935], 16,8x24,7 cm, paperback binding with metal, pp.[46] thumb index. Illustrated cover with three colours, 90 black and white illustrations with photographs of desks, armchairs, chairs, stools and clothes stands with technical sheets. Graphic design by Gabriele Mucchi.

CRESPI (Carlo)

38

38

38 38 ***Mobili metallici brevettati Pino Parabiago. Ditta Carlo Crespi di Emilio Pino. Industria fondata nel 1885,*** Parabiago - Varese, Ditta Carlo Crespi - "Edizione Campo Grafico", senza data [1935 ca.], 24x17 cm, brossura, pp.[32], copertina tipografica. Catalogo interamente illustrato con fotomontaggi e immagini in bianco e nero di mobili in metallo disegnati da Emilio Pino e Gabriele Mucchi. Design grafico a cura delle Edizioni della rivista "Campo Grafico".

38 ***Mobili metallici brevettati Pino Parabiago. Ditta Carlo Crespi di Emilio Pino. Industria fondata nel 1885,*** Parabiago - Varese, Ditta Carlo Crespi - "Edizione Campo Grafico", n.d. [ca. 1935], 24x17 cm, paperback binding, pp.[32], typographic cover. Fully illustrated catalogue with black and white photomontages and images of metal furniture designed by Emilio Pino and Gabriele Mucchi. Graphic design by the magazine "Campo Grafico".

38

DAL VERA

39

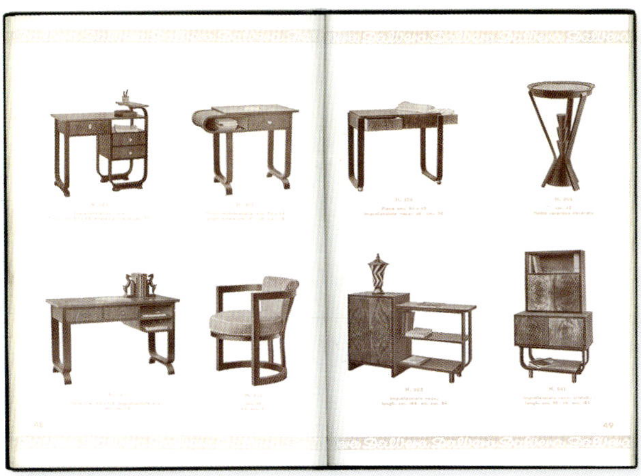

39

39

39 ***Stabilimenti Dal Vera. Mobili curvati - Mobili giunco. Lavorazione del giunco sede centrale Conegliano Veneto,*** Conegliano, Editore F. Scarpis, 1937, 33,9x24,2 cm, brossura con due fermagli in metallo, pp.116-[2], copertina stampata con titolo in rosso su fondo verde, 4 tavole a colori nel testo, 1 tavola a piena pagina a tre colori, 410 illustrazioni in bianco e nero nel testo con immagini di sedie, poltrone, fioriere, sdraio, tavoli, tavolini, scrivanie, sgabelli, salotti, portaombrelli e culle.

39 ***Stabilimenti Dal Vera. Mobili curvati - Mobili giunco. Lavorazione del giunco sede centrale Conegliano Veneto,*** Conegliano, Editore F. Scarpis, 1937, 33,9x24,2 cm, paperback binding with two metal clips, pp.116-[2], cover with red title on green background, 4 colour plates in the text, 1 full page plate in three colours, 410 black and white illustrations in the text with images of chairs, armchairs, flower stands, deck chairs, tables, coffee tables, desks, stools, lounges, umbrella stands and cots.

DANESE MILANO

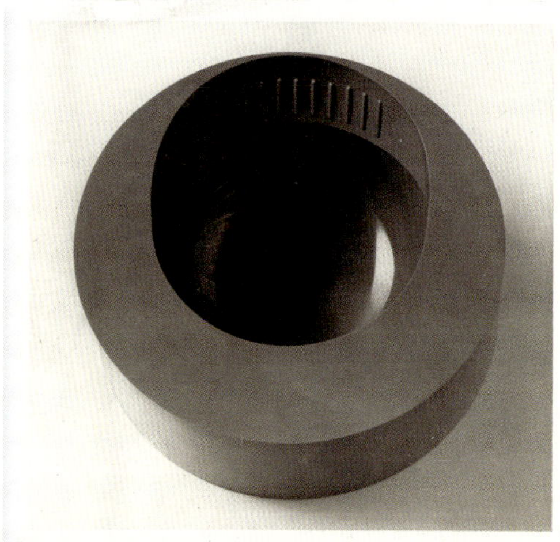

40

40

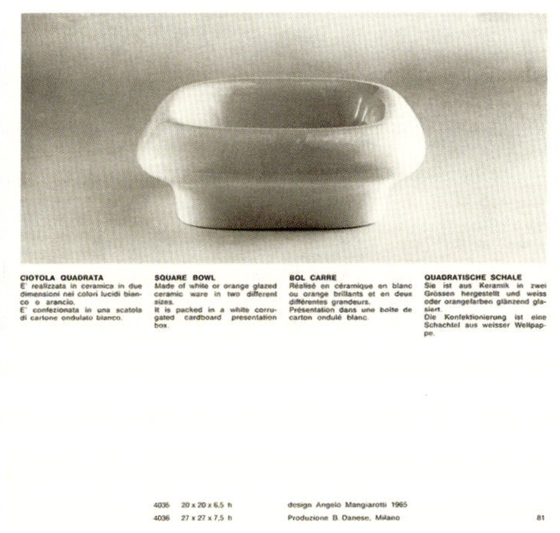

41

41

40 ***Serendipity 54. Mostra dei cinque nuovi contenitori disegnati da Enzo Mari prodotti da Danese***, Milano, Danese, 1967, 21x126 cm, depliant ripiegabile a sei ante [12 facciate] con 5 illustrazioni fotografiche di contenitori disegnati da Enzo Mari in occasione della mostra tenutasi alla Galleria Serendipity 54 (a Roma nel dicembre del 1967). Introduzione di Marco Zanuso.

41 ***Produzione Danese Milano 1957 - 1969***, Milano, Danese, 1969, 20,5x20,5 cm, legatura editoriale in mezza tela, piatti cartonati, pp.119-[1], copertina illustrata con il logo della ditta Danese disegnato da Franco Meneguzzo, 106 illustrazioni fotografiche in bianco e nero nel testo con oggetti disegnati da Enzo Mari, Franco Meneguzzo, Bruno Munari. Fotografie di Aldo Ballo, Davide Clari, Jacqueline Vodoz. Testo in italiano, inglese, francese e tedesco. Design grafico di Enzo Mari.

40 ***Serendipity 54. Mostra dei cinque nuovi contenitori disegnati da Enzo Mari prodotti da Danese***, Milan, Danese, 1967, 21x126 cm, collapsible sixfold brochure [12 sides] with 5 photographs of containers designed by Enzo Mari to mark the exhibition held at Galleria Serendipity 54 (in Rome in December 1967). Introduction by Marco Zanuso.

41 ***Produzione Danese Milano 1957 - 1969***, Milan, Danese, 1969, 20,5x20,5 cm, edition binding in fabric, cardboard plates, pp.119-[1], cover illustrated with the Danese company logo designed by Franco Meneguzzo, 106 black and white photographs in the text with objects designed by Enzo Mari, Franco Meneguzzo and Bruno Munari. Photographs by Aldo Ballo, Davide Clari and Jacqueline Vodoz. Text in Italian, English, French and German. Graphic design by Enzo Mari.

DASSI

42

42

43

43

43

42 ***Mobili moderni Dassi***, Milano - Roma, IGAP, 1935, 9,4x15,4 cm, cartoncino ripiegato in sei facciate, pp.[6], copertina illustrata a due colori, 4 immagini fotografiche di arredamenti moderni virate in marrone.
43 ***Mobili moderni,*** Milano, Dassi, senza data [1960 ca.], 14x21,6 cm, brossura cartonata, pp.58 di cui 18 su carta velina verde di formato più corto. Copertina illustrata, 1 tavola su cartoncino azzurro, 4 tavole con disegni progettuali al tratto stampati su carta arancione, 4 tavole fotografiche a colori e 44 illustrazioni con immagini fotografiche in bianco e nero di ambienti e singoli mobili.

42 ***Mobili moderni Dassi,*** Milan - Rome, IGAP, 1935, 9,4x15,4 cm, sixfold cardboard, pp.[6], cover illustrated in two colours, 4 photographs of modern brown furnishings.
43 ***Mobili moderni,*** Milan, Dassi, n.d. [ca. 1960], 14x21,6 cm, cardboard paperback, pp.58, 18 pages on green tissue paper, shorter in size. Illustrated cover, 1 plate on blue cardboard, 4 plates with designs printed on orange paper, 4 colour photographs and 44 black and white photographs of environments and single pieces of furniture.

DE ANGELI - FRUA

44

44

44 ***Artela tela d'arte per mobili e pareti,*** Milano, Edizioni Studio Boggeri [Stampa tipografia A. Lucini & C.], senza data [1935 ca.], 21,6x58 cm, pp.[6]. Depliant ripiegato in tre parti, con una finestra fustellata in copertina, illustrato con immagini a colori e in bianco e nero di tessuti e tappezzerie per mobili e pareti realizzate dalla ditta De Angeli - Frua per la collezione Artela curata da Lio Carminati. Design grafico di Erberto Carboni.

44 ***Artela tela d'arte per mobili e pareti,*** Milan, Edizioni Studio Boggeri [Stampa tipografia A. Lucini & C.], n.d. [ca. 1935], 21,6x58 cm, pp.[6]. Threefold brochure, one side with a die-cut window on the cover, illustrated with colour and black and white images of fabrics and tapestries for furniture and walls by De Angeli - Frua for the Artela collection, edited by Lio Carminati. Graphic design by Erberto Carboni.

DE VIVO (Giuseppe)

45

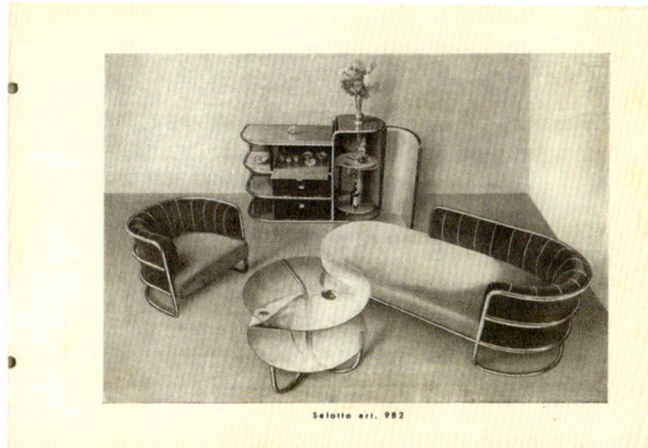

45

45

45 ***Giuseppe De Vivo***, Milano, Tip. Agnelli, senza data [1935 ca.], 15x20,7 cm, brossura, pp.[8] comprese le copertine. Due illustrazioni in copertina e 6 illustrazioni in bianco e nero con immagini fotografiche di sedie, uffici, poltrone e divani.

46 ***Mobili in tubo di acciaio cromato per forniture complete di alberghi, teatri, caffè, istituti, uffici,*** Milano, Ditta Giuseppe De Vivo, senza data [1935 ca.], 9,5x25 cm, brossura rilegata con un cordoncino, pp.[38], copertina illustrata a tre colori e 20 tavole in bianco e nero con disegni e immagini fotografiche di sedie e tavoli in metallo cromato.

45 ***Giuseppe De Vivo***, Milan, Tip. Agnelli, n.d. [ca. 1935], 15x20,7 cm, paperback binding, pp.[8] including the cover. Two illustrations on the cover and 6 illustrations in black and white with photographs of chairs, offices, armchairs and sofas.

46 ***Mobili in tubo di acciaio cromato per forniture complete di alberghi, teatri, caffè, istituti, uffici,*** Milan, Ditta Giuseppe De Vivo, n.d. [ca. 1935], 9,5x25 cm, paperback bound with a cord, pp.[38], cover illustrated in three colours and 20 black and white plates with drawings and images of chrome metal chairs and tables.

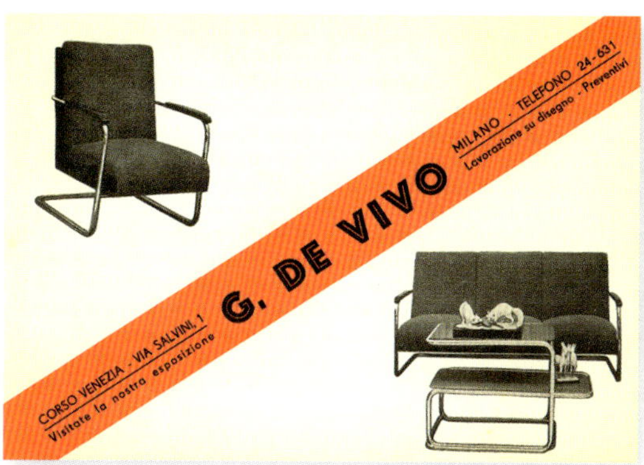

46

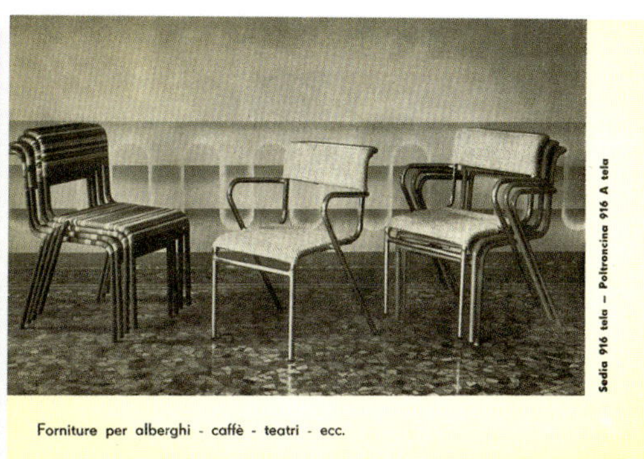

DRIADE

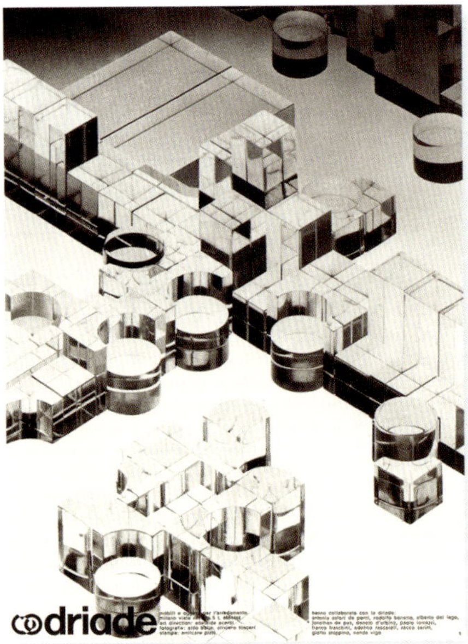

47

47 ***Driade mobili e oggetti per l'arredamento,*** Milano, Amilcare Pizzi, senza data [1970], 29,5x21 cm, brossura, pp.15-[1] incluse le copertine, 53 illustrazioni in bianco e nero nel testo con immagini fotografiche di tavoli, poltrone, sedie e altri elementi d'arredo disegnati da Jonathan De Pas, Donato D'Urbino, Paolo Lomazzi, Giotto Stoppino, Nanda Vigo e altri. Fotografie di Aldo Ballo e Oliviero Toscani. Didascalie in italiano e in inglese.

47 ***Driade mobili e oggetti per l'arredamento,*** Milan, Amilcare Pizzi, n.d. [1970], 29,5x21 cm, paperback binding, pp.15-[1] including covers, 53 black and white illustrations in the text with photographs of tables, sofas, chairs and other pieces of furniture designed by Jonathan De Pas, Donato D'Urbino, Paolo Lomazzi, Giotto Stoppino, Nanda Vigo and others. Photographs by Aldo Ballo and Oliviero Toscani. Captions in Italian and English.

DUCROT (Studio)

48

48 ***Ducrot Palermo. Mobili e arti decorative***, Roma, "Novissima", 1906, 20x15,4 cm, brossura, pp.30-[2], copertina illustrata a tre colori, 39 illustrazioni in bianco e nero nel testo. Catalogo dei mobili disegnati da Ernesto Basile per la ditta Ducrot di Palermo. Design grafico di Ernesto Basile.

48 ***Ducrot Palermo. Mobili e arti decorative,*** Rome, "Novissima", 1906, 20x15,4 cm, paperback binding, pp.30-[2], cover illustrated in three colours, 39 black and white illustrations in the text. Furniture catalogue designed by Ernesto Basile for the Ducrot company from Palermo. Graphic design by Ernesto Basile.

FABBRICA PISANA DI SPECCHI E LASTRE COLATE DI VETRO

49

49 ***Rivestimenti murali moderni in vetro. Lastre e piastrelle - Opalina. Piastrelle economiche - Vitrosmalt,*** Milano, Fabbrica Pisana di Specchi e Lastre Colate di Vetro, senza data [1935], 29,2x22,5 cm, brossura, pp.22, copertina illustrata a colori di Giancarlo Palanti, 4 illustrazioni a colori e 17 in bianco e nero con immagini fotografiche di ambienti rivestiti di piastrelle in opalina e vitrosmalt. Design grafico di Giancarlo Palanti.

49 ***Rivestimenti murali moderni in vetro. Lastre e piastrelle - Opalina. Piastrelle economiche - Vitrosmalt,*** Milan, Fabbrica Pisana di Specchi e Lastre Colate di Vetro, n.d. [1935], 29,2x22,5 cm, paperback binding, pp.22, colour illustrated cover by Giancarlo Palanti, 4 colour illustrations and 17 black and white photographs of environments covered in Opaline and Vitrosmalt tiles. Graphic design by Giancarlo Palanti.

49

FAESITE (Società Anonima)

50

51

50 ***Faesite. Nove esempi di porte in Faesite,*** Milano, Edizione ufficio propaganda Faesite, senza data [1940], 47,2x38,2 cm, depliant ripiegato in sei parti [12 facciate], illustrato con 9 con immagini fotografiche a colori di porte realizzate in Faesite, 3 illustrazioni con disegni e fotomontaggi a colori. Design grafico di Erberto Carboni.
51 ***Faesite. Pannelli di fibra di legno tipi duro ed extraduro,*** Padova, [stampa: Istituto Veneto Arti Grafiche], senza data [1940 ca.], 52x13 cm, depliant ripiegato in quattro parti [8 facciate], illustrato con 14 fotomontaggi a colori e in bianco e nero.

50 ***Faesite. Nove esempi di porte in Faesite,*** Milan, Edizione ufficio propaganda Faesite, n.d. [1940], 47,2x38,2 cm, sixfold brochure [12 sides], illustrated with 9 photographs of doors made from hardboard, 3 illustrations with colour drawing and photo montages. Graphic design by Erberto Carboni.
51 ***Faesite. Pannelli di fibra di legno tipi duro ed extraduro,*** Paudua, [printer: Istituto Veneto Arti Grafiche], n.d. [ca. 1940], 52x13 cm, fourfold brochure [8 sides], illustrated with 14 photomontages in colour and black and white.

51

FELTRINELLI MASONITE

52

52 ***Il legno è deperibile la Masonite no,*** Bolzano, Propaganda Feltrinelli - Masonite, 1949, 15,7x31 cm, depliant a 3 ante [6 facciate], copertina illustrata con un fotomontaggio a colori di Luigi Oriani e Mario Perondi, 12 illustrazioni fotografiche in bianco e nero con esempi di applicazione della Masonite.

52 ***Il legno è deperibile la Masonite no,*** Bolzano, Propaganda Feltrinelli - Masonite, 1949, 15,7x31 cm, threefold brochure [6 sides], cover illustrated with a colour photo montage by Luigi Oriani and Mario Perondi, 12 black and whites photographs showing the uses of Masonite.

52

FERRETTI (Antonio)

53

53

53

53 ***Antonio Ferretti. Listino 134 Ottobre - Novembre,*** Milano, Antonio Ferretti, 1933 (ottobre), 14x300 cm, depliant ripiegabile per un totale di 58 pagine numerate, interamente illustrato con immagini fotografiche a colori di mobili per ufficio moderni.

53 ***Antonio Ferretti. Listino 134 Ottobre - Novembre,*** Milan, Antonio Ferretti, 1933 (October), 14x300 cm, foldable brochure containing 58 numbered pages, fully illustrated with colour photographs of modern office furniture.

54

54 ***Antonio Ferretti. n.143. Nuova serie 900,*** Milano, Antonio Ferretti, 1935 (luglio), 11,5x17 cm, brossura, pp.96, 1 un disegno a colori in copertina. Catalogo interamente illustrato con disegni e immagini fotografiche di mobili e ambienti moderni.

54 ***Antonio Ferretti. n.143. Nuova serie 900,*** Milan, Antonio Ferretti, 1935 (July), 11,5x17 cm, paperback binding, pp.96, 1 colour drawing on the cover. Fully illustrated catalogue with drawing and photographs of furniture and modern environments.

54

54

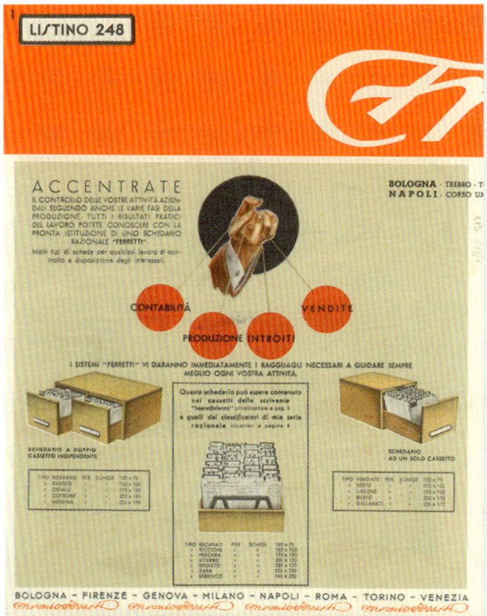

55

55

56

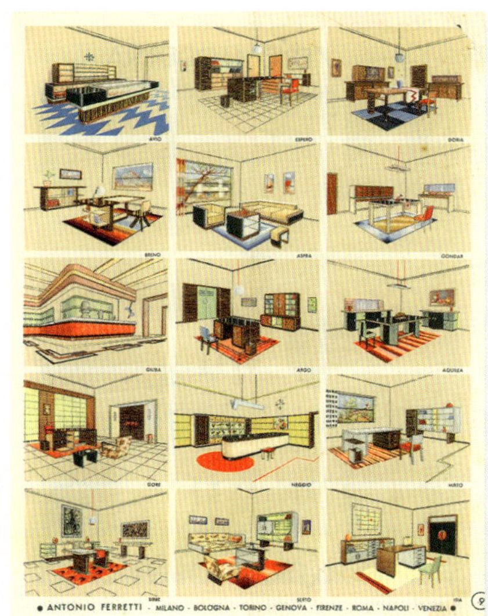

56

55 ***Antonio Ferretti. Listino 248,*** Milano, Antonio Ferretti, senza data [1938], catalogo stampato su unico foglio di 55,5x86,3 cm ripiegato in 16 parti (numerate), interamente illustrato con disegni a colori di ambienti e mobili moderni per ufficio.

56 ***Un primato indiscusso nell'Industria dei mobili. Listino 251,*** Milano, Antonio Ferretti, 1938 (10 dicembre), 28x21,5 cm, brossura, pp.16, un fotomontaggio a colori in copertina. Catalogo interamente illustrato con disegni di ambienti e mobili moderni.

55 ***Antonio Ferretti. Listino 248***, Milan, Antonio Ferretti, n.d [1938], catalogue printed on a single 55,5x86,3 cm sheet folded into 16 parts (numbered), fully illustrated with colour drawings of environment and modern office furniture.

56 ***Un primato indiscusso nell'Industria dei mobili. Listino 251***, Milan, Antonio Ferretti, 1938 (10th December), 28x21,5 cm, paperback binding, pp.16, colour photo montage on the cover. Fully illustrated catalogue with drawings of rooms and modern furniture.

FONTANA ARTE

57

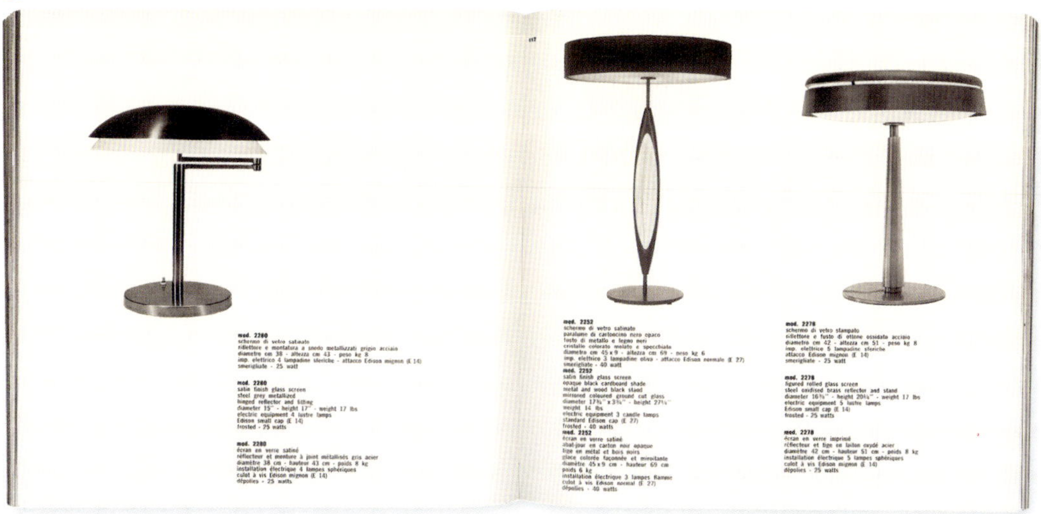

57

57 ***Fontana Arte. Illuminazione arredamento cristalli d'arte. Lighting - interior decotration - cut glass art forms - eclairage - amaublement - verreries d'art***, senza luogo di stampa (Milano), Quaderni Fontana Arte 6, 1964, 21x20,7 cm, legatura editoriale cartonata a due colori (rosso e nero), pp.[238], catalogo con copertina illustrata a colori e 213 immagini fotografiche in bianco e nero nel testo di lampade e lampadari, specchi da parete, posacenere, portafoto, vasi, piatti, portadolci, scatole, ciotole ed altri oggetti in vetro. Descrizioni in italiano, inglese e francese. Design grafico di "G. F."

57 ***Fontana Arte. Illuminazione arredamento cristalli d'arte. Lighting - interior decotration - cut glass art forms - eclairage - amaublement - verreries d'art***, n.p. (Milan), Quaderni Fontana Arte 6, 1964, 21x20,7 cm, two colour edition binding (red and black), pp.[238], colour illustrated cover and 213 black and white photographs in the text of lamps and chandeliers, wall mirrors, ashtrays, frames, vases, plates, sweet dishes, boxes, bowls and other glass objects. Descriptions in Italian, English and French. Graphic design by "G. F."

GARIBOLDI

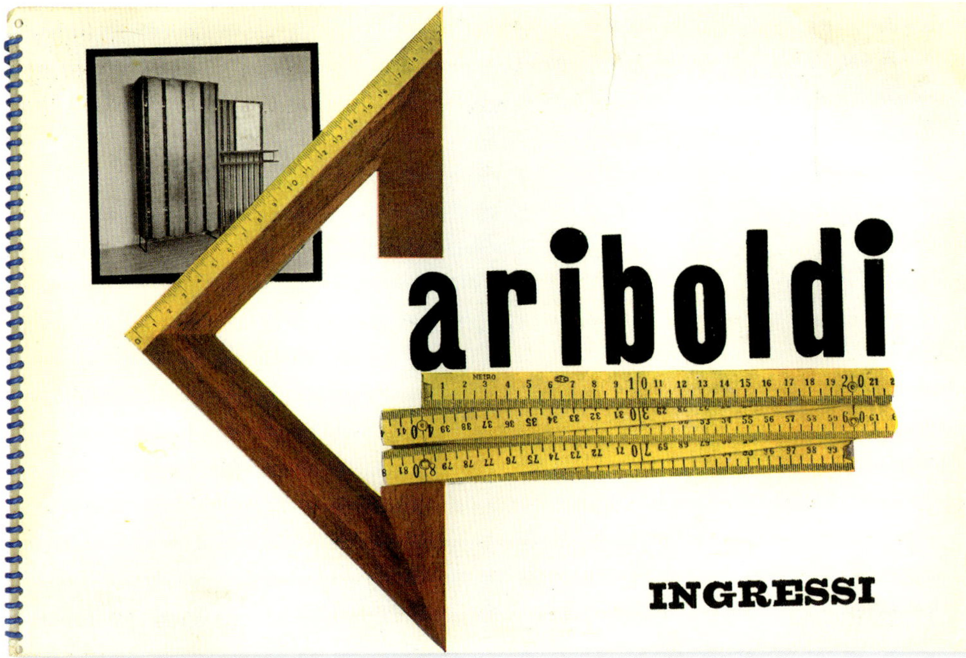

58

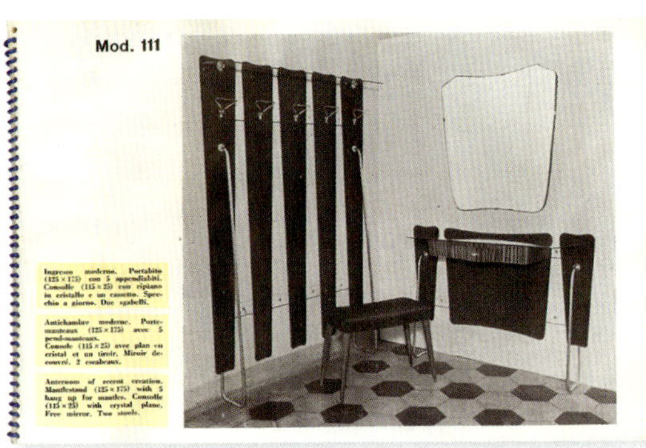

58

58 ***Gariboldi. Ingressi***, Monza, Tipografia Alpina, (1957), 24x16,5 cm, brossura con spirale in plastica azzurra, pp.[32]-[3] (in acetato giallo), copertina illustrata a colori, 30 immagini fotografiche in bianco e nero di mobili e arredamenti per ingresso. Didascalie in italiano, francese e inglese di a cura A. Righini. Design grafico di A. Vannini.

58 ***Gariboldi. Ingressi***, Monza, Tipografia Alpina, (1957), 24x16,5 cm, paperback binding with blue plastic spiral, pp.[32]-[3] (yellow acetate), colour illustrated cover, 30 black and white images of furniture and decorations for entrances. Captions in Italian, French and English by A. Righini. Graphic design by A. Vannini.

GERVASONI G.&C.

59

59 ***Catalogo. Fabbrica di mobili in giunco e curvati. Forniture navali. Cesterie industriali. Ombrelloni da sole***, Udine, G. Gervasoni & C. - Arti Grafiche G. Chiesa, 1955, 17,4x24,5 cm, brossura, pp.[1]-38-[1], copertina illustrata a colori e 72 illustrazioni in bianco e nero con immagini fotografiche di mobili e arredamenti in vimini.

59 ***Catalogo. Fabbrica di mobili in giunco e curvati. Forniture navali. Cesterie industriali. Ombrelloni da sole***, Udine, G. Gervasoni & C. - Arti Grafiche G. Chiesa, 1955, 17,4x24,5 cm, paperback binding, pp.[1]-38-[1], colour illustrated cover and 72 black and white photographs of wicker furniture and decorations.

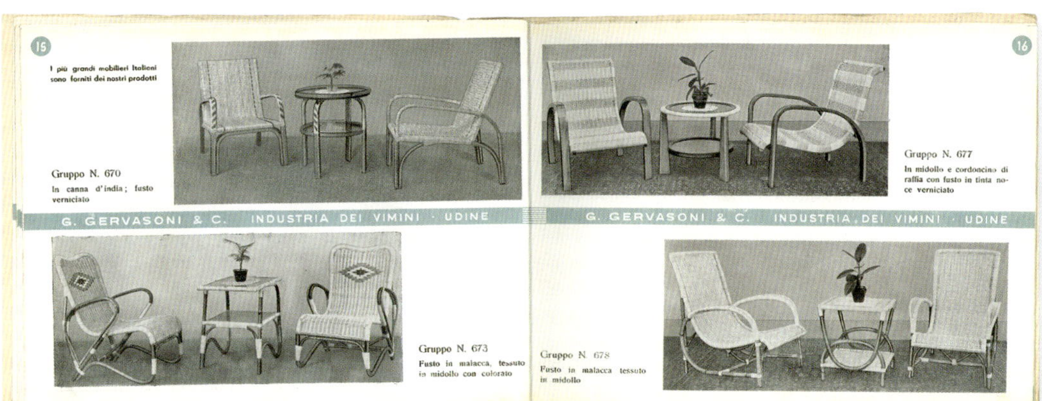

59

GRAPEGGIA (Mobilificio)

60

60

60 ***Mobilificio Grapeggia***, Milano, 1932, 11,6x16,4 cm, brossura, pp.[52], copertina illustrata in bianco e nero e rosso, 2 disegni nel testo di C. Silva e Aldo Didone. Opuscolo interamente illustrato con immagini di mobili e ambienti. Catalogo pubblicato in occasione della Fiera di Milano, (Milano, Palazzo del Mobilio, aprile 1932).

60 ***Mobilificio Grapeggia***, Milan, 1932, 11,6x16,4 cm, paperback binding, pp.[52], cover illustrated in black, white and red, 2 drawings in the text by C. Silva and Aldo Didone. Fully illustrated booklet with images of furniture and environments. Catalogue published to mark the Fiera di Milano, (Milan, Palazzo del Mobilio, April 1932).

GRECO

61

61 ***Fabbrica apparecchi illuminazione Greco. Catalogo generale 107***, Milano, senza data [1960 ca.], 28,4x23,2 cm, legatura con spirale in metallo, piatti in cartoncino, pp.138 + 6 strisce in acetato di diversi colori poste all'inizio di ciascun capitolo. Copertina realizzata dello Studio Grafico Manzoni. Volume interamente illustrato con immagini fotografiche e disegni di lampade. Fotografie di Davide Clari. Design grafico di Oscar Torlasco.

61 ***Fabbrica apparecchi illuminazione Greco. catalogo generale 107***, Milan, n.d. [ca. 1960], 28,4x23,2 cm, metal spiral binding, cardboard plates, pp.138 + 6 acetate strips in different colours placed at the beginning of each chapter. Cover created by Studio Grafico Manzoni. Fully illustrated volume with photographs and drawings of lamps. Photographs by Davide Clari. Graphic design by Oscar Torlasco.

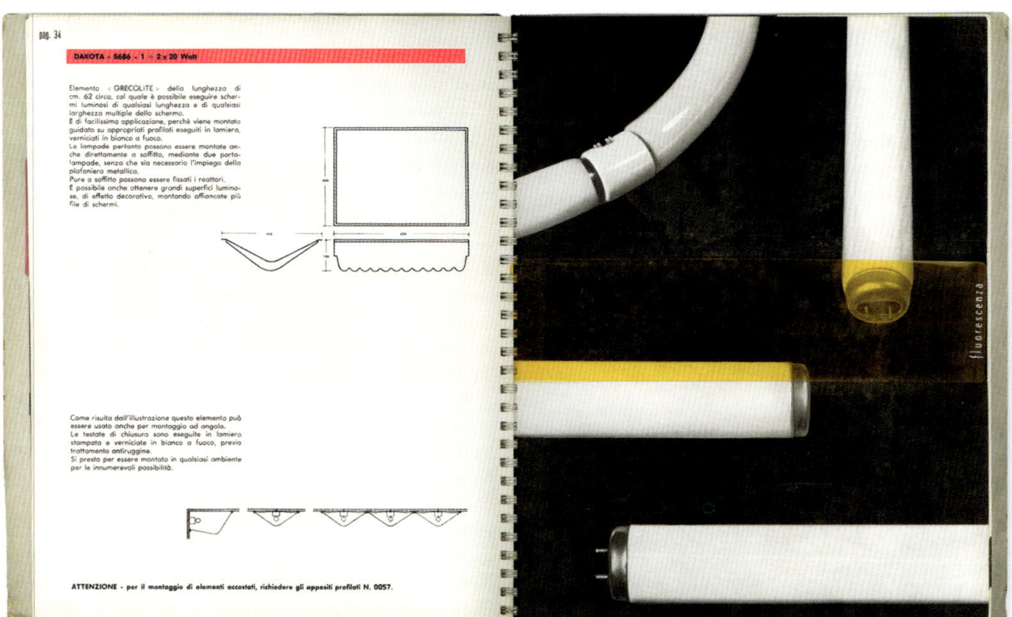

61

GUFRAM

62

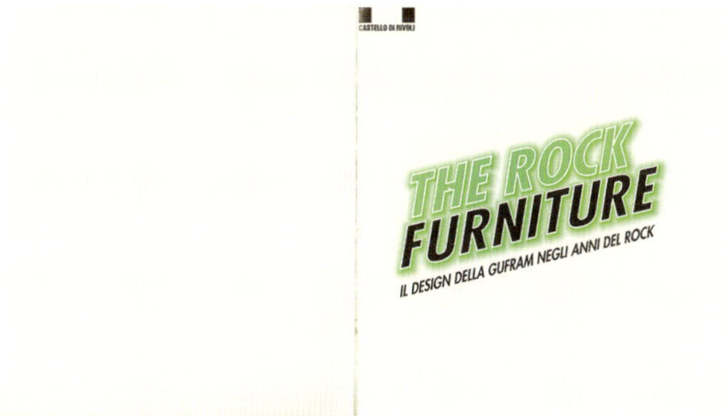

62

62

63

62 ***The rock furniture. Il design della Gufram negli anni del rock,*** Rivoli (TO), Castello di Rivoli, 2002, 23,5x21 cm, pp.96, copertina in poliuretano espanso schiumato progettata da Franco Mello e Pietro Perotti in facsimile di un muro di mattoni rossi. 95 illustrazioni a colori e in bianco e nero con immagini fotografiche di multipli e oggetti. Testo in italiano e inglese. Tiratura di 250 esemplari. Catalogo pubblicato in occasione della mostra tenutasi al Castello di Rivoli, Museo d'Arte contemporanea dal 22 maggio al 1 settembre 2002. Design grafico di Franco Mello + atelier ABC.

63 ***Gufram Multipli***, Padova, Tot, 1984, 31x22,5 cm, faldone plastificato con anelli metallici, pp.[76] su carte di diverso tipo e colore, copertina tipografica a colori. Catalogo interamente illustrato con immagini fotografiche e fotomontaggi a colori e in bianco e nero accompagnate da testi critici e da schede descrittive per ciascun pezzo. Tiratura di 100 copie contenenti un multiplo in cartoncino. Design grafico di Franco Mello.

62 ***The rock furniture. Il design della Gufram negli anni del rock,*** Rivoli (TO), Castello di Rivoli, 2002, 23,5x21 cm, pp.96, polyutherane foam cover designed by Franco Mello and Pietro Perotti in a facsimile of a red brick wall. 95 colour and black and white illustrations with photographs of multiples and objects. Text in Italian and English. Print run of 250 copies. Catalogue published to mark the exhibition at the Castello di Rivoli, Museo d'Arte contemporanea from 22 May to 1 September 2002. Graphic design by Franco Mello + atelier ABC.

63 ***Gufram Multipli***, Padus, Tot, 1984, 31x22,5 cm, plastic binder with metal rings, pp.[76] on different types of coloured card, typographic colour cover. Fully illustrated catalogue with colour and black and white photographs and photomontages accompanied by critical texts and descriptions for each piece. Limited edition of 100 copies containing a cardboard multiple. Graphic design by Franco Mello.

INDUSTRIA VERNICI ITALIANE (IVI)

64

64 ***Lucidature del legno***, Milano - Bovisa, I.V.I. Industria Vernici Italiane, [stampa: Tip. A. Lucini e C.], Milano, 1939, 20,4x16 cm, brossura a due punti metallici, pp.8 di cui una doppia ripiegata, copertina illustrata con motivo in ocra a simulare il legno, 1 fotografia in bianco e nero e 1 virata in ocra nel testo. Stampa in nero e ocra. Design grafico a cura dello Studio Boggeri.

64 ***Lucidature del legno***, Milan - Bovisa, I.V.I. Industria Vernici Italiane, [printer: Tip. A. Lucini and C.], Milan, 1939, 20,4x16 cm, paperback binding with two metal staples, pp.8 one page with a double fold, cover illustrated with an ochre motif to simulate wood, 1 black and white photograph and 1 colour adjusted ochre photograph in the text. Print in black and ochre. Graphic design by Studio Boggeri.

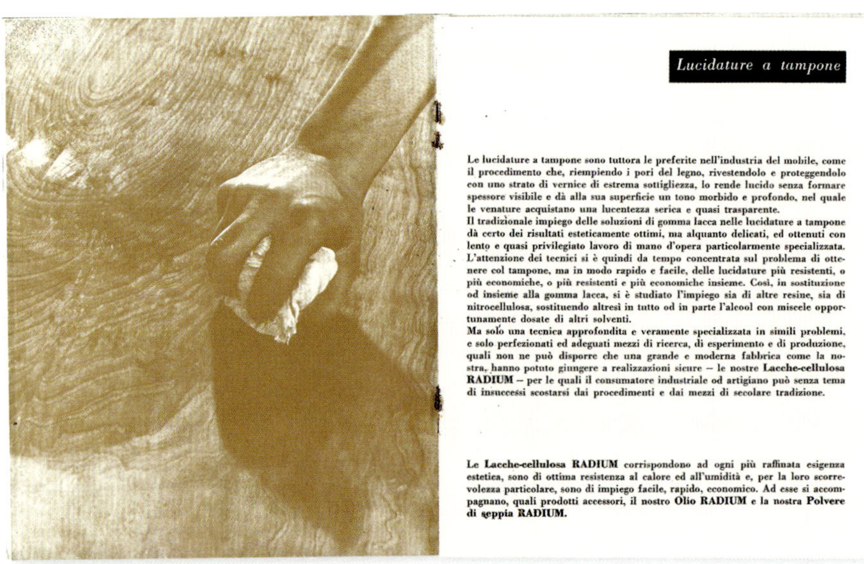

Lucidature a tampone

Le lucidature a tampone sono tuttora le preferite nell'industria del mobile, come il procedimento che, riempiendo i pori del legno, rivestendolo e proteggendolo con uno strato di vernice di estrema sottigliezza, lo rende lucido senza formare spessore visibile e dà alla sua superficie un tono morbido e profondo, nel quale le venature acquistano una lucentezza serica e quasi trasparente.
Il tradizionale impiego delle soluzioni di gomma lacca nelle lucidature a tampone dà certo dei risultati esteticamente ottimi, ma alquanto delicati, ed ottenuti con lento e quasi privilegiato lavoro di mano d'opera particolarmente specializzata. L'attenzione dei tecnici si è quindi da tempo concentrata sul problema di ottenere col tampone, ma in modo rapido e facile, delle lucidature più resistenti, o più economiche, o più resistenti e più economiche insieme. Così, in sostituzione od insieme alla gomma lacca, si è studiato l'impiego sia di altre resine, sia di nitrocellulosa, sostituendo altresì in tutto od in parte l'alcool con miscele opportunamente dosate di altri solventi.
Ma solo una tecnica approfondita e veramente specializzata in simili problemi, e solo perfezionati ed adeguati mezzi di ricerca, di esperimento e di produzione, quali non ne può disporre che una grande e moderna fabbrica come la nostra, hanno potuto giungere a realizzazioni sicure – le nostre **Lacche-cellulosa RADIUM** – per le quali il consumatore industriale od artigiano può senza tema di insuccessi scostarsi dai procedimenti e dai mezzi di secolare tradizione.

Le **Lacche-cellulosa RADIUM** corrispondono ad ogni più raffinata esigenza estetica, sono di ottima resistenza al calore ed all'umidità e, per la loro scorrevolezza particolare, sono di impiego facile, rapido, economico. Ad esse si accompagnano, quali prodotti accessori, il nostro **Olio RADIUM** e la nostra **Polvere di seppia RADIUM.**

64

65

65 ***Laccature del legno***, Milano, I.V.I. Industria Vernici Italiane [stampa: Tip. A. Lucini & C.], senza data [1948 ca.], 20,4x16,5 cm, brossura, pp.8, copertina illustrata a colori, 2 tavole a colori fuori testo di cui una ripiegata. Design grafico a cura dello Studio Boggeri.

65 ***Laccature del legno***, Milan, I.V.I. Industria Vernici Italiane [printer: Tip. A. Lucini & C.], n.d. [ca. 1948], 20,4x16,5 cm, paperback binding, pp.8, colour illustrated cover, 2 colour plates, one of which is folded. Graphic design by Studio Boggeri.

65

IZAR (G.B.) S.A.

66

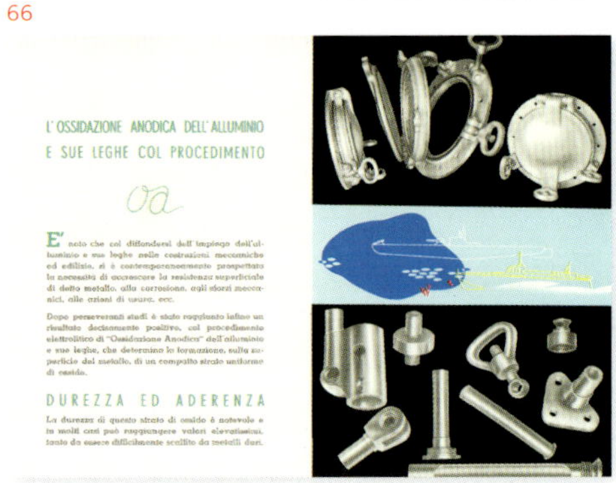

66

66

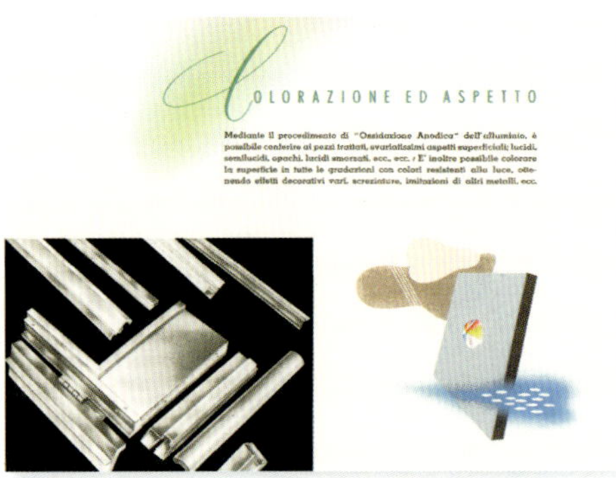

66

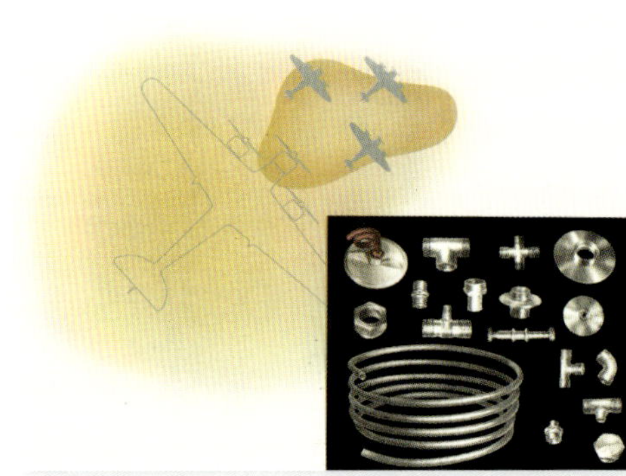

66

66 ***Ossidazione anodica dell'alluminio***, Milano, Creazione Artistica IMA, senza data [1943], 23,5x29,3 cm, brossura, pp.[16], opuscolo interamente illustrato con vignette a colori (la firma dell'autore, posta in copertina sotto l'aletta posteriore dell'aeroplano, non è leggibile). Design grafico a cura dell'Agenzia pubblicitaria I.M.A. Creazione Artistica di Anton Gino Domenighini.

66 ***Ossidazione anodica dell'alluminio***, Milan, Creazione Artistica IMA, n.d. [1943], 23,5x29,3 cm, paperback binding, pp.[16], fully illustrated booklet with colour cartoons (the artist's signature, underneath the tail fin of the plane, is not readable). Graphic design by the I.M.A. advertising agency. Artistic creation of Anton Gino Domenighini.

KARTELL

67

67 ***Casalinghi Kartell,*** senza data [1955 ca.], 9,8x96,4 cm, depliant ripiegato in 9 parti [18 facciate] disposte a rubrica, interamente illustrato con composizioni tipografiche e immagini fotografiche di prodotti casalinghi.

67 ***Casalinghi Kartell***, n.d. [ca. 1955], 9,8x96,4 cm, ninefold brochure [18 sides] thumb index, fully illustrated with photographs and typographic compositions of household products.

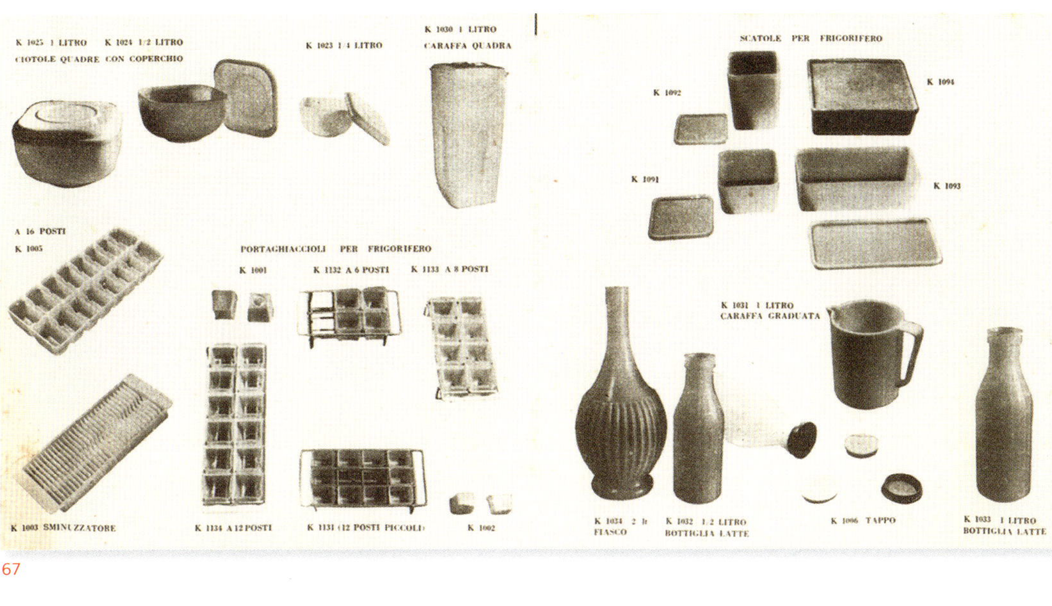

67

LAGOMARSINO

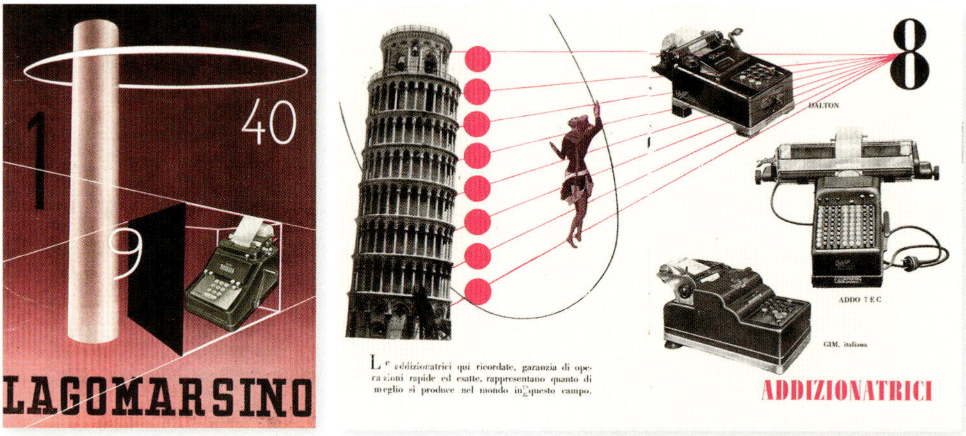

68

68 ***Lagomarsino***, Milano, Lagomarsino, [stampa: "Esperia"], 1940, 16,7x12 cm, brossura, pp.[16], 1 fotomontaggio a colori a colori in copertina. Opuscolo interamente illustrato con fotomontaggi e composizioni tipografiche. Design grafico di Enrico Mercatali.
69 ***Lagomarsino - 1941***, Milano, Grafitalia Già Pizzi & Pizio, 1941, 23x19,8 cm, brossura, [16], 1 illustrazione a colori in copertina, 9 disegni al tratto su cartoncino colorato e 36 immagini fotografiche in bianco e nero di macchine addizionatrici, calcolatrici, macchine contabili, stampatrici. Design grafico di Carlo Dradi.

68 ***Lagomarsino***, Milan, Lagomarsino, [Printer: "Esperia"], 1940, 16,7x12 cm, paperback binding, pp.[16], 1 colour photo montage on the cover. Fully illustrated booklet with photo montages and typographic compositions. Graphic design by Enrico Mercatali.
69 ***Lagomarsino***, Milan, Grafitalia Già Pizzi & Pizio, 1941, 23x19,8 cm, paperback binding, [16], 1 colour illustration on the cover, 9 drawings on coloured cardboard and 36 black and white photographs of adding machines, calculators, accounting machines and printers. Graphic design by Carlo Dradi.

69

69

LAZZARIS SOCIETÀ ANONIMA

70

70 ***Società anonima Bortolo Lazzaris. Stabilimento per l'industria del legno sede in Spresiano (Treviso). Parchetti 1923***, Milano, Alfieri & Lacroix, 1923, 14,6x14 cm, brossura con cordoncino in raso, pp.[81]-[1], copertina illustrata con decorazioni ornamentali a tre colori (oro, marrone e nero) e 81 tavole a colori con esempi di pavimenti decorati in parquet.

70 ***Società anonima Bortolo Lazzaris. Stabilimento per l'industria del legno sede in Spresiano (Treviso). Parchetti 1923***, Milan, Alfieri & Lacroix, 1923, 14,6x14 cm, paperback binding with satin cord, pp.[81]-[1], cover illustrated with ornate decorations in three colours (gold, brown and white) and 81 colour plates with examples of decorated parquet floors.

LINOLEUM (Società Italiana del Linoleum)

71

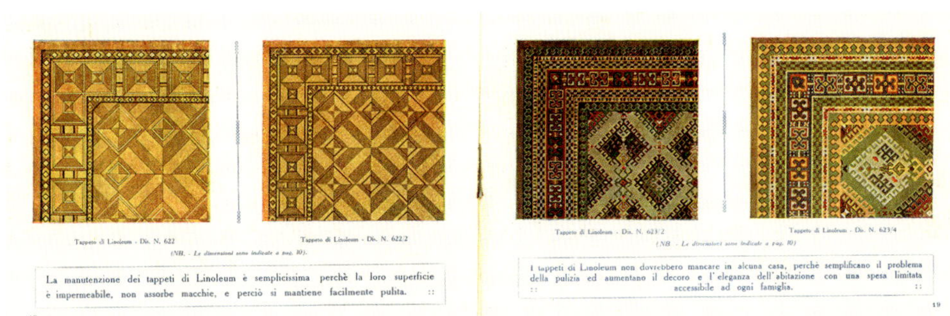

71

71 ***I tappeti di Linoleum nell'arredamento della casa***, Milano, Società del Linoleum [Stampa: Stab. L. Mozzati - Bramante], senza data [1925 ca.], 11,3x17,2 cm, brossura, pp.20 (comprese le copertine), 1 illustrazione a colori in copertina e 24 nel testo.
72 ***La casa moderna***, (Milano), Gustavo Modiano, senza data [1925 ca.], 17,1x12 cm, brossura cartonata, pp.23-[1], 1 illustrazione a colori in copertina e 13 a colori nel testo con esempi di pavimenti in linoleum. Design grafico di Guido Modiano.

71 ***I tappeti di Linoleum nell'arredamento della casa***, Milan, Società del Linoleum [Printer: Stab. L. Mozzati - Bramante], n.d. [ca. 1925], 11,3x17,2 cm, paperback binding, pp.20 (including covers), 1 colour illustration on the cover and 24 in the text.
72 ***La casa moderna***, (Milan), Gustavo Modiano, n.d. [ca. 1925], 17,1x12 cm, hardbound binding, pp.23-[1], 1 colour illustration on the cover and 13 in the text featuring examples of linoleum flooring. Graphic design by Guido Modiano.

72

73

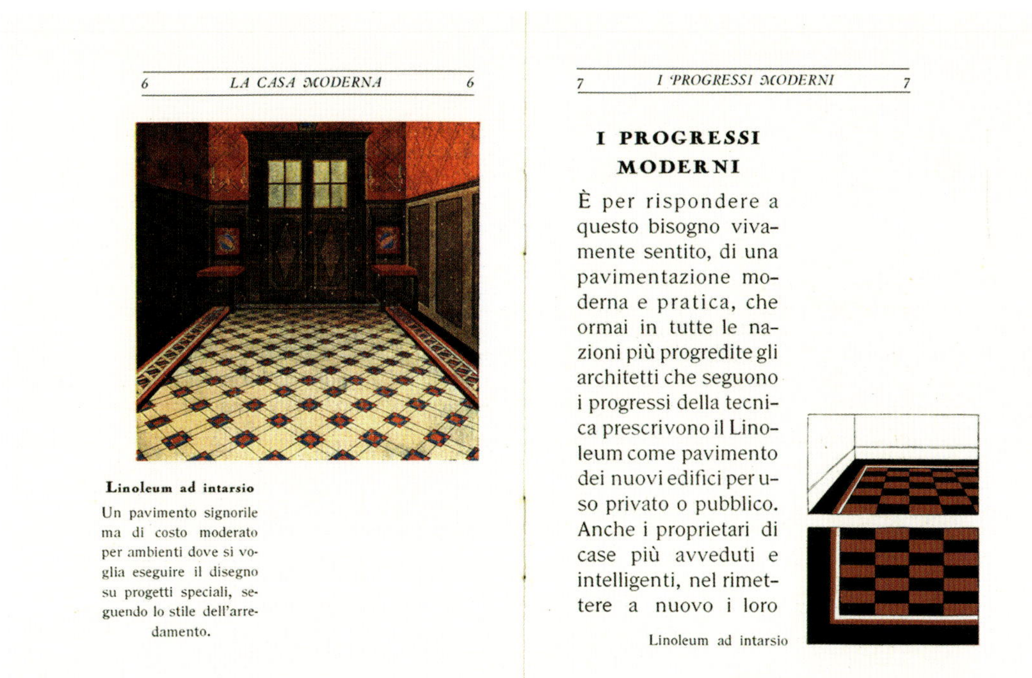

6 LA CASA MODERNA 6

Linoleum ad intarsio

Un pavimento signorile ma di costo moderato per ambienti dove si voglia eseguire il disegno su progetti speciali, seguendo lo stile dell'arredamento.

7 I PROGRESSI MODERNI 7

I PROGRESSI MODERNI

È per rispondere a questo bisogno vivamente sentito, di una pavimentazione moderna e pratica, che ormai in tutte le nazioni più progredite gli architetti che seguono i progressi della tecnica prescrivono il Linoleum come pavimento dei nuovi edifici per uso privato o pubblico. Anche i proprietari di case più avveduti e intelligenti, nel rimettere a nuovo i loro

Linoleum ad intarsio

72

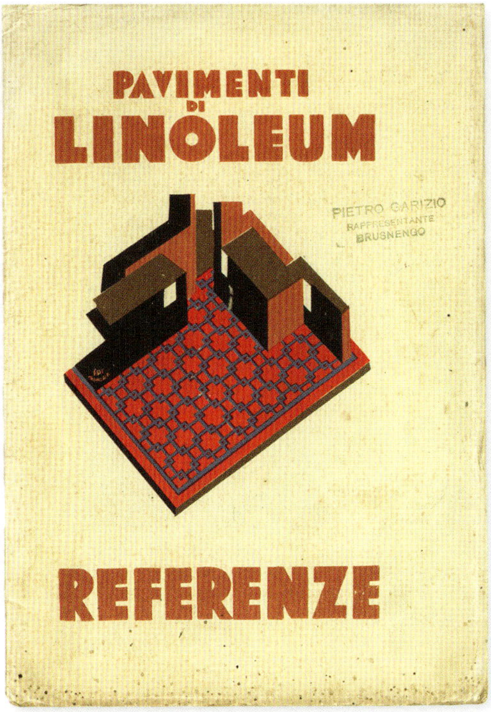

74

75

73 ***Tappeti di Linoleum***, Milano, Società del Linoleum, senza data [1926 ca.], 35,8x49 cm, depliant ripiegato in otto parti [16 facciate], copertina illustrata a colori di Giacinto Mondaini e 17 illustrazioni a colori nel testo con esempi di tappeti in linoleum.

74 ***Pavimenti di linoleum. Referenze***, Milano, Società del Linoleum, senza data [1928-1929], 24,5x16,6 cm, brossura, pp.31-[1], copertina illustrata a colori di Giacinto Mondaini. Elenco dei referenti della Società del Linoleum di Milano. La data di pubblicazione si evince dall'elenco delle pubblicazioni posto al retro del frontespizio. Design grafico di Guido Modiano.

75 ***Il linoleum nell'industria dei mobili***, Milano, Società del Linoleum, senza data [1930 ca.], 24,4x15,5 cm, brossura, pp.12, copertina illustrata a tre colori da Giacinto Mondaini e 13 illustrazioni a colori nel testo con disegni e immagini fotografiche di tavoli, credenze e scrivanie rivestiti in linoleum.

73 ***Tappeti di Linoleum***, Milan, Società del Linoleum, n.d. [ca. 1926], 35,8x49 cm, eightfold leaflet [16 sides], colour cover illustrated by Giacinto Mondaini and 17 colour illustrations in the text featuring examples of linoleum rugs.

74 ***Pavimenti di linoleum. Referenze***, Milan, Società del Linoleum, n.d. [1928-1929], 24,5x16,6 cm, paperback binding, pp.31-[1], colour cover illustrated by Giacinto Mondaini. List of contacts for the Società del Linoleum in Milan. The publication date is clear from the list of publications on the back of the title page. Graphic design by Guido Modiano.

75 ***l linoleum nell'industria dei mobili,*** Milan, Società del Linoleum, n.d. [ca. 1930], 24,4x15,5 cm, paperback binding, pp.12, three colour cover designed by Giacinto Mondaini and 13 colour illustrations in the text with drawings and photographs of tables, dressers and desks covered with linoleum.

76

76

76

76 ***All'Insegna della casa moderna***, Milano, Tipografia Gustavo Modiano, 1931, 12x16,4 cm, depliant pubblicitario stampato a tre colori (nero, arancione, grigio), ripiegato in quattro parti, 1 illustrazione in bianco e nero con la pianta topografica della Fiera di Milano. Design grafico di Giuseppe Pagano.

76 ***All'Insegna della casa moderna***, Milan, Typography Gustavo Modiano, 1931, 12x16,4 cm, advertising brochure printed in three colours (black, orange, grey), fourfold, 1 black and white illustration showing the topographical map of the Fiera di Milano. Graphic design by Giuseppe Pagano.

77

77

78

78

77 ***Il linoleum ed i mobili moderni***, Milano, Società del Linoleum - A. Lucini & C., senza data [1934], 21,5x29,5 cm, brossura, pp.19-[1], copertina a due colori, 34 illustrazioni in bianco e nero nel testo con immagini fotografiche di mobili rivestiti in linoleum progettati da Guglielmo Ulrich, Franco Albini, Giuseppe Palanti, Enrico Agostino Griffini, Gustavo Pulitzer Finali e molti altri. Design grafico a cura dello Studio Grafico Lucini.

78 ***Pavimenti linoleum***, Milano, Società del Linoleum [Stampa: Stab. Giuseppe Casati], senza data [1930 ca.], 29,3x48 cm, depliant ripiegato in sei parti [12 facciate], un'illustrazione a colori in copertina, 14 illustrazioni a colori e 14 in bianco e nero nel testo.

77 ***Il linoleum ed i mobili moderni,*** Milan, Società del Linoleum - A. Lucini & C., n.d. [1934], 21,5x29,5 cm, paperback binding, pp.19-[1], two colour cover, 34 black and white illustrations in the text with photographs of furniture covered with linoleum designed by Guglielmo Ulrich, Franco Albini, Giuseppe Palanti, Enrico Agostino Griffini, Gustavo Pulitzer Finali and many others. Graphic design by Studio Grafico Lucini.

78 ***Pavimenti linoleum***, Milan, Società del Linoleum [Printer: Stab. Giuseppe Casati], n.d. [ca. 1930], 29,3x48 cm, sixfold brochure [12 sides], one colour illustration on the cover, 14 colour illustrations and 14 black and white illustrations in the text.

79

80

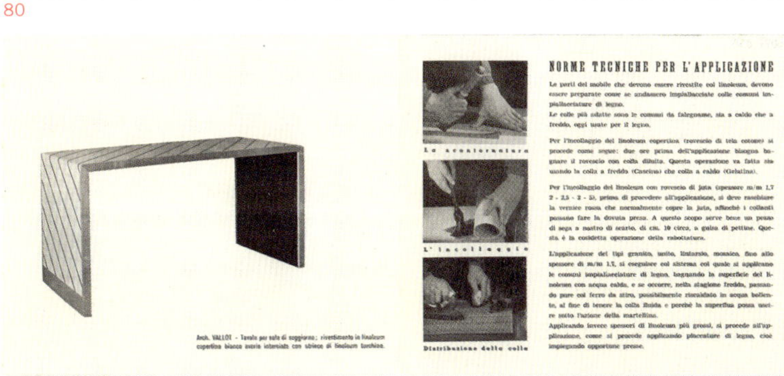

80

79 ***Un pavimento di linoleum: la nota più allegra nell'arredo di una scuola***, Milano, Società del Linoleum, senza data [1935 ca.], 10,2x15 cm, cartolina pubblicitaria illustrata con un fotomontaggio a colori.

80 ***Il linoleum sui mobili***, Milano, senza data [1935 ca.], 15x17,2 cm, brossura, pp.[6] incluse le copertine, copertina e 9 illustrazioni fotografiche in bianco e nero con immagini di mobili progettati da Renzo Gerla, Renato Camus e Virgilio Vallo. Design grafico di Guido Modiano.

79 ***Un pavimento di linoleum: la nota più allegra nell'arredo di una scuola***, Milan, Società del Linoleum, n.d. [ca. 1935], 10,2x15 cm, advertising postcard illustrated with colour photo montage.

80 ***Il linoleum sui mobili***, Milan, n.d. [ca. 1935], 15x17,2 cm, paperback binding, pp.[6] including covers, 9 black and white photographs of furniture designed by Renzo Gerla, Renato Camus and Virgilio Vallo. Graphic design by Guido Modiano.

81 ***Linoleum. Società del linoleum. Applicazioni del linoleum per rivestimenti di mobili e parti***, Milano, Studio Boggeri, [stampa: Pizzi & Pizio], 1936, 20x14 cm, brossura, pp.[8] (comprese le copertine). Depliant interamente illustrato a colori con 4 tavole sagomate sovrapponibili alle altre. Allegata la busta di spedizione con una fustella circolare attraverso il quale è possibile vedere una delle immagini stampate sulla copertina del depliant. Design grafico di Bruno Munari e Riccardo Ricas (Munari+Ricas).

81 ***Linoleum. Società del linoleum. Applicazioni del linoleum per rivestimenti di mobili e parti***, Milan, Studio Boggeri, [printer: Pizzi & Pizio], 1936, 20x14 cm, paperback binding, pp.[8] (including covers). Fully illustrated colour brochure with 4 overlapping plates. The envelope is attached with a circle punched in it, which allows viewing of one of the brochure cover images. Graphic design by Bruno Munari and Riccardo Ricas (Munari+Ricas).

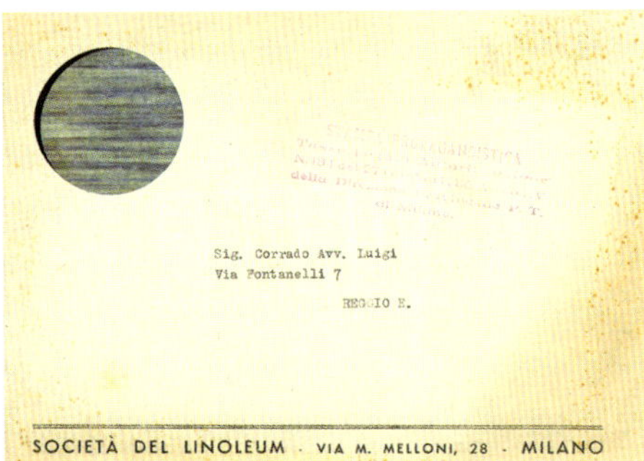

81

81

81

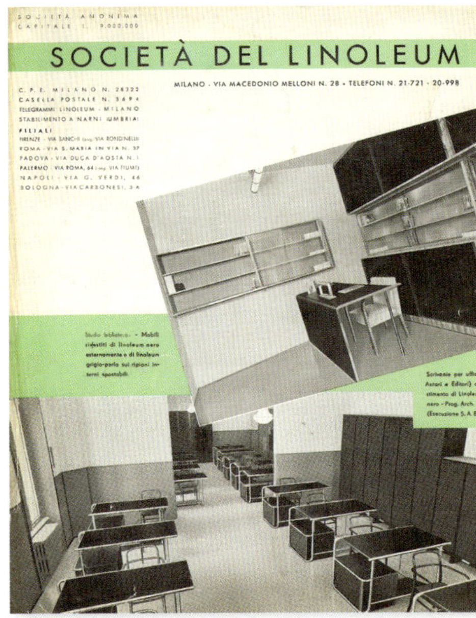

82

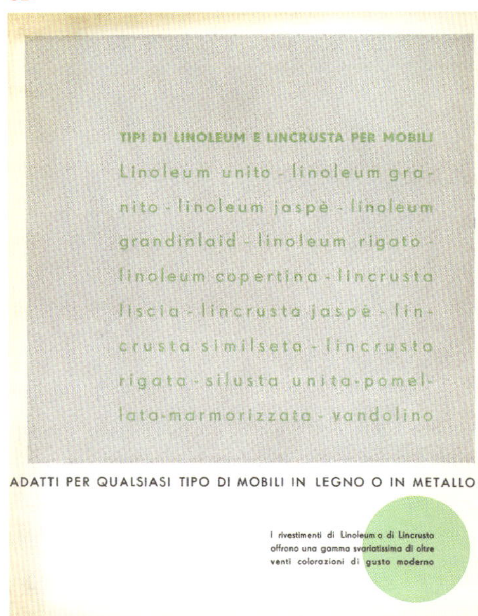

82

83

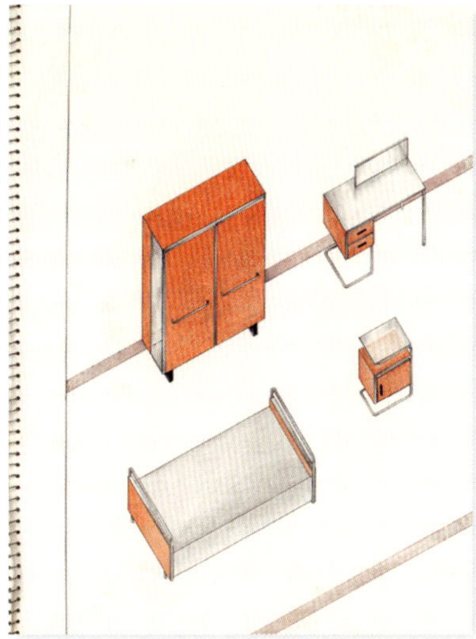

83

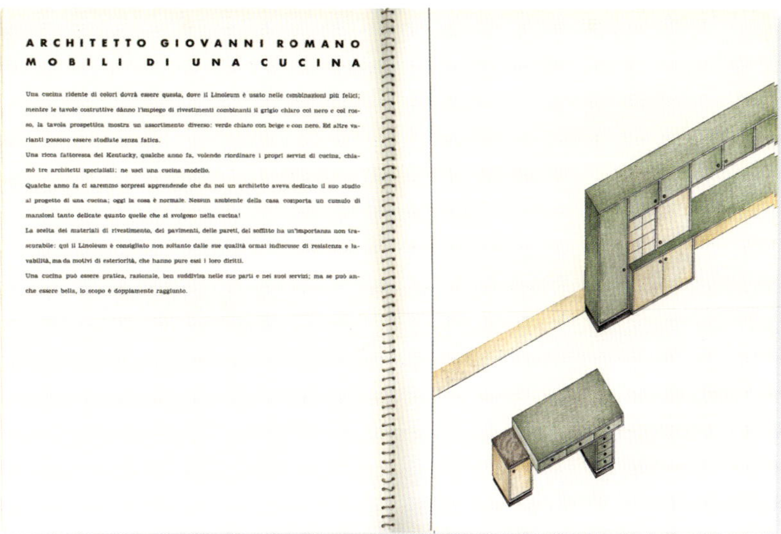

ARCHITETTO GIOVANNI ROMANO
MOBILI DI UNA CUCINA

Una cucina ridente di colori dovrà essere questa, dove il Linoleum è usato nelle combinazioni più felici; mentre le tavole costruttive dànno l'impiego di rivestimenti combinanti il grigio chiaro col nero e col rosso, la tavola prospettica mostra un assortimento diverso: verde chiaro con beige e con nero. Ed altre varianti possono essere studiate senza fatica.
Una ricca fattoressa del Kentucky, qualche anno fa, volendo riordinare i propri servizi di cucina, chiamò tre architetti specialisti; ne uscì una cucina modello.
Qualche anno fa ci saremmo sorpresi apprendendo che da noi un architetto aveva dedicato il suo studio al progetto di una cucina; oggi la cosa è normale. Nessun ambiente della casa comporta un cumulo di mansioni tanto delicate quanto quelle che si svolgono nella cucina!
La scelta dei materiali di rivestimento, dei pavimenti, delle pareti, del soffitto ha un'importanza non trascurabile: qui il Linoleum è consigliato non soltanto dalle sue qualità ormai indiscusse di resistenza e lavabilità, ma da motivi di esteriorità, che hanno pure essi i loro diritti.
Una cucina può essere pratica, razionale, ben suddivisa nelle sue parti e nei suoi servizi; ma se può anche essere bella, lo scopo è doppiamente raggiunto.

83

82 ***Società del linoleum***, Milano, Società Grafica G. Modiano, senza data [1935 ca.], 28,2x67,5 cm, depliant pubblicitario a tre ante [6 facciate] interamente illustrato con con immagini fotografiche a colori e bianco di mobili progettati dagli architetti Tonelli - Asiago, Loreti, Pulitzer Finali, Tuffaroli. Design grafico di Guido Modiano.
83 ***Progetti di mobili moderni***, Milano, Società Grafica G. Modiano, senza data [1937 ca.], 28,9x21 cm, brossura con spirale metallica, pp.[64], copertina illustrata a colori. Volume interamente illustrato con disegni e progetti a colori e in bianco e nero di Enrico Griffini, Mario Loreti, Franco Albini, Antonio Cassi Ramelli, Giovanni Romano, Paolo Clusetti. Design grafico di Guido Modiano.

82 ***Società del linoleum***, Milan, Società Grafica G. Modiano, n.d. [ca. 1935], 28,2x67,5 cm, threefold advertising brochure [6 sides] fully illustrated with colour and black and white photographs of furniture designed by the Tonelli architects - Asiago, Loreti, Pulitzer Finali, Tuffaroli. Graphic design by Guido Modiano.

83 ***Progetti di mobili moderni***, Milan, Società Grafica G. Modiano, n.d. [ca. 1937], 28,9x21 cm, paperback binding with metal spiral, pp.[64], colour illustrated cover. Fully illustrated volume with colour and black and white drawings and designs by Enrico Griffini, Mario Loreti, Franco Albini, Antonio Cassi Ramelli, Giovanni Romano and Paolo Clusetti. Graphic design by Guido Modiano.

84

84

85

85

84 ***Come si fabbrica e come si posa il Linoleum***, Milano, [stampa: Officina d'arte Grafica Lucini & C.], 1938, 16,3x16,3 cm, brossura, pp.[20]-[4], copertina illustrata a tre colori, 16 illustrazioni in bianco e nero con immagini fotografiche. Design grafico a cura dello Studio Grafico Lucini.

85 ***Linoleum. Pavimenti - Rivestimenti***, Torino, Società del Linoleum - Società Grafica G. Modiano, 1938, 21x10 cm, depliant a cinque ante [10 facciate] illustrato con 1 fotomontaggio sulla prima facciata e 26 immagini fotografiche in bianco e nero. Design grafico di Luigi Veronesi.

84 ***Come si fabbrica e come si posa il Linoleum***, Milan, [printer: Officina d'arte Grafica Lucini & C.], 1938, 16,3x16,3 cm, paperback binding, pp.[20]-[4], cover illustrated with three colours, 16 black and white illustrations with photographs. Graphic design by Studio Grafico Lucini.

85 ***Linoleum. Pavimenti - Rivestimenti***, Turin, Società del Linoleum - Società Grafica G. Modiano, 1938, 21x10 cm, fivefold brochure [10 sides] illustrated with 1 photo montage on the first side and 26 black and white images. Graphic design by Luigi Veronesi.

86

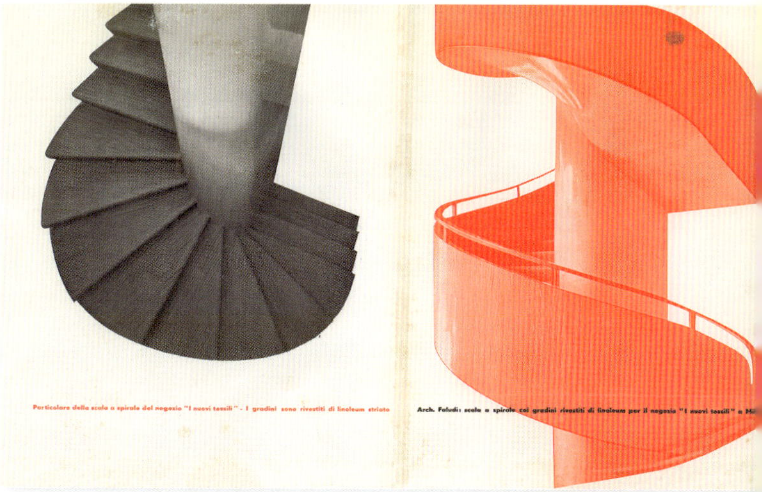

86

86 ***Scale e gradinate***, Milano, Società del Linoleum - Società Grafica G. Modiano, senza data [1935 ca.], 52x43 cm, depliant ripiegato in 6 parti [12 facciate] interamente illustrato con fotografie in bianco e nero di applicazioni del linoleum eseguite dagli architetti Giancarlo Palanti, e Giuseppe Pagano. Design grafico di Luigi Veronesi.

86 ***Scale e gradinate***, Milan, Società del Linoleum - Società Grafica G. Modiano, n.d. [ca. 1935], 52x43 cm, sixfold brochure [12 sides] fully illustrated with black and white photographs of applications of linoleum by the architects Giancarlo Palanti and Giuseppe Pagano. Graphic design by Luigi Veronesi.

LUPI (Industria Gomma Ebanite e Materie Plastiche)

7

87

87 ***Pavimenti e rivestimenti in gomma ad uso industriale e civile***, Milano (Magenta), Lupi & C. - S.a.r.l., 1954, 23,7x15,7 cm, brossura in cartoncino patinato, pp.16, copertina illustrata a colori, catalogo interamente illustrato con disegni e fotomontaggi a colori. Design grafico di Mario Francesconi e Pippo Oriani.

87 ***Pavimenti e rivestimenti in gomma ad uso industriale e civile***, Milan (Magenta), Lupi & C. - S.a.r.l., 1954, 23,7x15,7 cm, paperback binding in glossy cardboard, pp.16, colour illustrated cover, fully illustrated catalogue with colour drawings and photo montages. Graphic design by Mario Francesconi and Pippo Oriani.

MAZZOTTI (Fabbrica di Ceramiche)

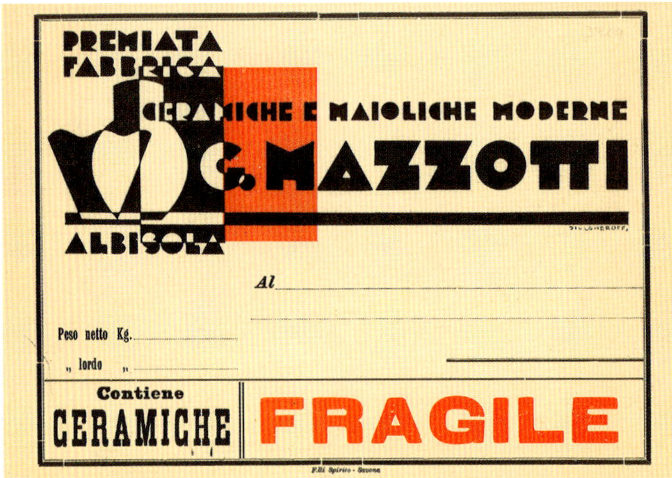

88

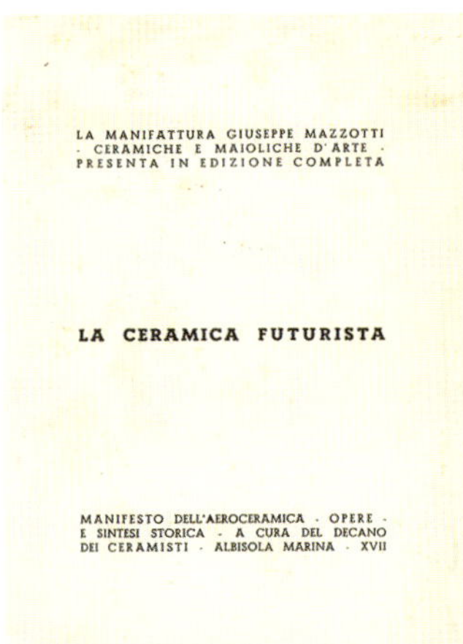
LA MANIFATTURA GIUSEPPE MAZZOTTI
· CERAMICHE E MAIOLICHE D'ARTE ·
PRESENTA IN EDIZIONE COMPLETA

LA CERAMICA FUTURISTA

MANIFESTO DELL'AEROCERAMICA · OPERE ·
E SINTESI STORICA · A CURA DEL DECANO
DEI CERAMISTI · ALBISOLA MARINA · XVII

89

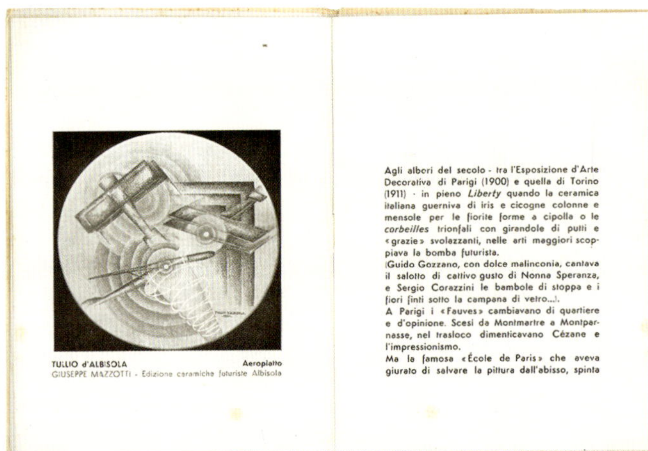
TULLIO d'ALBISOLA Aeropiatto
GIUSEPPE MAZZOTTI · Edizione ceramiche futuriste Albisola

Agli albori del secolo - tra l'Esposizione d'Arte Decorativa di Parigi (1900) e quella di Torino (1911) · in pieno *Liberty* quando la ceramica italiana guerniva di iris e cicogne colonne e mensole per le fiorite forme a cipolla o le *corbeilles* trionfali con girandole di putti e «grazie» svolazzanti, nelle arti maggiori scoppiava la bomba futurista.
(Guido Gozzano, con dolce malinconia, cantava il salotto di cattivo gusto di Nonna Speranza, e Sergio Corazzini le bambole di stoppa e i fiori finti sotto la campana di vetro...).
A Parigi i «Fauves» cambiavano di quartiere e d'opinione. Scesi da Montmartre a Montparnasse, nel trasloco dimenticavano Cézane e l'impressionismo.
Ma la famosa «École de Paris» che aveva giurato di salvare la pittura dall'abisso, spinta

89

88 ***Premiata Fabbrica Ceramiche e Maioliche Moderne G. Mazzotti - Albisola - Contiene ceramiche - Fragile***, Savona, F.lli Spirito, senza data [1935 ca.], 17x23,5 cm, etichetta postale stampata al recto, 1 disegno e grafica in nero e rosso di Nicolaj Diulgheroff. Design grafico di Nicolaj Diulgheroff.

89 ***La ceramica futurista. Manifesto dell'aeroceramica - Opere - E sintesi storica - A cura del decano dei ceramisti, Albisola Marina***, Manifattura Giuseppe Mazzotti - Ceramiche e Maioliche d'Arte, 1939, 17,2x12,5 cm, brossura, pp.[48], copertina tipografica, 13 illustrazioni in bianco e nero nel testo, riproduzioni di opere di Mario Anselmo, Tullio D'Albisola, Nicolaj Diulgheroff, Farfa, Fillia, Lucio Fontana, Alf Gaudenzi, Torido Mazzotti, Bruno Munari, Ricas, Nino Strada. Contiene il "Manifesto dell'aeroceramica" di Filippo Tommaso Marinetti e Tullio d'Albisola.

88 ***Premiata Fabbrica Ceramiche e Maioliche Moderne G. Mazzotti - Albisola - Contiene ceramiche - Fragile***, Savona, F.lli Spirito, n.d. [ca. 1935], 17x23,5 cm, posting label on the recto, 1 black and red drawing by Nicolaj Diulgheroff. Graphic design by Nicolaj Diulgheroff.

89 ***La ceramica futurista. Manifesto dell'aeroceramica - Opere - E sintesi storica - A cura del decano dei ceramisti, Albisola Marina***, Manifattura Giuseppe Mazzotti - Ceramiche e Maioliche d'Arte, 1939, 17,2x12,5 cm, paperback binding, pp.[48], typographic cover, 13 black and white illustrations in the text, reproductions of works by Mario Anselmo, Tullio D'Albisola, Nicolaj Diulgheroff, Farfa, Fillia, Lucio Fontana, Alf Gaudenzi, Torido Mazzotti, Bruno Munari, Ricas, Nino Strada. Contains the "Manifesto of Aero-Ceramics" by Filippo Tommaso Marinetti and Tullio d'Albisola.

MEMPHIS

90

90 ***Memphis Furniture Milano***, Milano, Memphis, senza data [settembre 1981], 29,7x20,9 cm, brossura, pp.[12], copertina illustrata in bianco e nero. Catalogo interamente illustrato con disegni e immagini fotografiche di mobili e oggetti d'arredamento progettati da Martine Bedin, Andrea Branzi, Aldo Cibic, Michele De Lucchi, Nathalie du Pasquier, Michael Graves, Hans Hollein, Arata Isozaki, Terry Jones, Shiro Kuramata, Javier Mariscal, Alessandro Mendini, Paola Navone, Luigi Serafini, Peter Shire, Ettore Sottsass, George J. Sowden, Alchmia Studio, Bruno Gregori, Gerard Taylor, Matteo Thun, Masanori Umeda, Marco Zanini. Ciascun oggetto è accompagnato da una scheda dettagliata. Primo catalogo realizzato dal gruppo Memphis. Design grafico a cura dello Studio Sottsass Associati.

90 ***Memphis Furniture Milano***, Milan, Memphis, n.d. [September 1981], 29,7x20,9 cm, paperback binding, pp.[12], black and white illustrated cover. Fully illustrated catalogue with drawing and photographs of furniture and decorative objects designed by Martine Bedin, Andrea Branzi, Aldo Cibic, Michele De Lucchi, Nathalie du Pasquier, Michael Graves, Hans Hollein, Arata Isozaki, Terry Jones, Shiro Kuramata, Javier Mariscal, Alessandro Mendini, Paola Navone, Luigi Serafini, Peter Shire, Ettore Sottsass, George J. Sowden, Alchimia Studio, Bruno Gregori, Gerard Taylor, Matteo Thun, Masanori Umeda and Marco Zanini. Each object is accompanied by a detailed description. First catalogue created by the Memphis group. Graphic design by Studio Sottsass Associati.

91

91 ***Memphis Furniture - Milano 1981***, Milano, Memphis [stampa: Grafiche Ghezzi - Corsico], 1981 [ottobre], poster pieghevole di 8 pagine che completamente svolto misura 98x34,5 cm, 40 illustrazioni fotografiche a colori (fotografie di Aldo Ballo, Guido Cegani e Peter Ogilvie) con immagini di mobili e oggetti d'arredamento progettati da Martine Bedin, Andrea Branzi, Aldo Cibic, Michele De Lucchi, Michael Graves, Hans Hollein, Arata Isozaki, Shiro Kuramata, Javier Mariscal, Peter Shire, Ettore Sottsass, George James Sowden, Matteo Thun, Masanori Umeda, Marco Zanini. Primo catalogo in formato poster del gruppo Memphis. Design grafico di Christoph Radl.
92 ***Memphis. Milano - In London***, Londra, The Conran Foundation, senza data [1982], poster pieghevole di 10 pagine che completamente svolto misura 95,5x34,5, 28 disegni e illustrazioni con con immagini di mobili e oggetti d'arredamento progettati da Martine Bedin, Andrea Branzi, Aldo Cibic, Michele De Lucchi, Ettore Sottsass, George Sowden, Matteo Thun, Marco Zanini e altri, 10 ritratti fotografici in bianco e nero degli artisti. Testi di Stephen Bayley e Penny Sparke e un'intervista ad Ettore Sottsass. Design grafico di Stafford Cliff e Studio Conrad Associates.

91 ***Memphis Furniture - Milano 1981***, Milan, Memphis [printer: Grafiche Ghezzi - Corsico], 1981 [October], poster with 8 foldable pages that measures 98x34,5 cm unfolded, 40 colour photographs (photographs by Aldo Ballo, Guido Cegani and Peter Ogilvie) with images of furniture and decorative objects designed by Martine Bedin, Andrea Branzi, Aldo Cibic, Michele De Lucchi, Michael Graves, Hans Hollein, Arata Isozaki, Shiro Kuramata, Javier Mariscal, Peter Shire, Ettore Sottsass, George James Sowden, Matteo Thun, Masanori Umeda and Marco Zanini. First catalogue in poster for by the Memphis group. Graphic design by Christoph Radl.
92 ***Memphis. Milano - In London***, London, The Conran Foundation, n.d. [1982], poster with 10 foldable pages that measures 95,5x34,5 unfolded, 28 drawings and illustrations of furniture and decorative objects designed by Martine Bedin, Andrea Branzi, Aldo Cibic, Michele De Lucchi, Ettore Sottsass, George Sowden, Matteo Thun, Marco Zanini and others, 10 black and white photo portraits of the artists. Texts by Stephen Bayley and Penny Sparke and an interview with Ettore Sottsass. Grapic design by Stafford Cliff and Studio Conrad Associates.

92

92

93

93 ***Memphis Furniture - Milano 1982***, Milano, Memphis, 1982, poster pieghevole di 8 pagine che completamente svolto misura 98x34,5 cm, 64 illustrazioni fotografiche a colori di mobili con immagini di mobili e oggetti d'arredamento progettati da Martine Bedin, Thomas Bley, Andrea Branzi, Aldo Cibic, Michele De Lucchi, Nathalie Du Pasquier, Michael Graves, Rudi Haberl, Walter Kirpicsenko, Shiro Kuramata, Michael Podgorschek, Daniele Puppa, Christoph Radl, Peter Shire, Ettore Sottsass, George James Sowden, Gerard Taylor, Matteo Thun, Masanori Umeda, Marco Zanini. Design grafico di Christoph Radl.

94 ***Memphis Furniture Milano 1983***, Milano, Memphis [stampa: Grafiche Ghezzi - Milano], 1983, 24,5x34 cm, poster pieghevole di 8 pagine che completamente svolto misura 98x34,5 cm, 70 illustrazioni fotografiche a colori con immagini di mobili e oggetti d'arredamento progettati da Martine Bedin, Andrea Branzi, Aldo Cibic, Michele De Lucchi, Nathalie Du Pasquier, Shiro Kuramata, Robert Mangurian, Peter Shire, Ettore Sottsass, George James Sowden, Gerard Taylor, Matteo Thun, Masanori Umeda, Marco Zanini. Design grafico di Christoph Radl.

volume 95 ***Memphis - Milano***, Milano, Sottsass Associati, [stampa: SAGDOS], senza data [1984], 29,5x20,8 cm, brossura, pp.[60], copertina con un disegno in bianco e nero e titolo in rosso. Catalogo interamente illustrato con immagini fotografiche a colori di mobili e oggetti d'arredamento progettati da Martine Bedin, Andrea Branzi, Aldo Cibic, Michele De Lucchi, Nathalie du Pasquier, Michael Graves, Hans Hollein, Christoph Radl, Peter Shire, Ettore Sottsass, George Sowden, Gerard Taylor, Matteo Thun, Marco Zanini. Fotografie dello Studio Azzurro, Ballo & Ballo. Design grafico di Christoph Radl (Sottsass Associati).

94

95

93 ***Memphis Furniture - Milano 1982***, Milan, Memphis, 1982, poster with 8 foldable pages that measures 98x34,5 cm unfolded, 64 colour photographs of images of furniture and decorative objects designed by Martine Bedin, Thomas Bley, Andrea Branzi, Aldo Cibic, Michele De Lucchi, Nathalie Du Pasquier, Michael Graves, Rudi Haberl, Walter Kirpicsenko, Shiro Kuramata, Michael Podgorschek, Daniele Puppa, Christoph Radl, Peter Shire, Ettore Sottsass, George James Sowden, Gerard Taylor, Matteo Thun, Masanori Umeda and Marco Zanini. Graphic design by Christoph Radl.

94 ***Memphis Furniture - Milano 1983***, Milan, Memphis [stampa: Grafiche Ghezzi - Milano], 1983, 24,5x34 cm, poster with 8 foldable pages that measures 98x34,5 cm unfolded, 70 colour photographs with images of furniture and decorative objects designed by Martine Bedin, Andrea Branzi, Aldo Cibic, Michele De Lucchi, Nathalie Du Pasquier, Shiro Kuramata, Robert Mangurian, Peter Shire, Ettore Sottsass, George James Sowden, Gerard Taylor, Matteo Thun, Masanori Umeda and Marco Zanini. Graphic design by Christoph Radl.

95 ***Memphis Milano***, Milan, Sottsass Associati, [stampa: SAGDOS], n.d. [1984], 29,5x20,8 cm, paperback binding, pp.[60], cover with a black and white drawing and red title. Fully illustrated catalogue with colour photographs of furniture and decorative objects designed by Martine Bedin, Andrea Branzi, Aldo Cibic, Michele De Lucchi, Nathalie du Pasquier, Michael Graves, Hans Hollein, Christoph Radl, Peter Shire, Ettore Sottsass, George Sowden, Gerard Taylor, Matteo Thun and Marco Zanini. Photographs by Studio Azzurro, Ballo & Ballo. Graphic design by Christoph Radl (Sottsass Associati).

96

97

96 ***Memphis***, (Tokyo), Seibu Department Store, senza data [1985], catalogo-multiplo triangolare a 16 facciate di 21x21x30 cm, contenuto in una busta editoriale dello stesso formato, allegati un foglio volante triangolare stampato su carta pergamenata (testo in giapponese) e un altro foglietto volante ripiegato in quattro parti con il prezziario degli oggetti esposti. 45 illustrazioni a colori con immagini fotografiche degli oggetti esposti, accompagnate da una breve didascalia esplicativa in lingua inglese. Catalogo della mostra.

97 ***Memphis Milano 1985***, Milano, Sottsass Associati, 1985, 29,8x21cm, brossura, pp.[28], copertina tipografica con motivo decorativo in bianco e nero. Catalogo interamente illustrato con immagini fotografiche a colori di mobili e oggetti d'arredamento progettati da Martine Bedin, Andrea Branzi, Aldo Cibic, Michele De Lucchi, Nathalie du Pasquier, Christoph Radl, Peter Shire, Ettore Sottsass, George Sowden, Marco Zanini. Fotografie di Roberto Gennari. Design grafico a cura dello Studio Sottsass Associati e Christoph Radl.

96 ***Memphis***, (Tokyo), Seibu Department Store, n.d. [1985], catalogue - triangular multiple with 16 sides 21x21x30 cm, contained in an envelope of the same size, attached is a triangular sheet printed on parchment paper (text in Japanese) and another sheet folded in four parts with the price list of the objects on display. 45 colour illustrations with photographs of the objects on display, accompanied by brief explanatory notes in English. Exhibition catalogue.

97 ***Memphis Milano 1985***, Milan, Sottsass Associati, 1985, 29,8x21cm, paperback binding, pp.[28], typographic cover with black and white decorative motif. Fully illustrated catalogue with colour photographs of furniture and decorative objects designed by Martine Bedin, Andrea Branzi, Aldo Cibic, Michele De Lucchi, Nathalie du Pasquier, Christoph Radl, Peter Shire, Ettore Sottsass, George Sowden and Marco Zanini. Photographs by Roberto Gennari. Graphic design by Studio Sottsass Associati and Christoph Radl.

98

99

98 ***Memphis Milano 1986***, Milano, 1986, 28x21,8 cm, brossura, pp.[16], copertina illustrata a colori. Catalogo interamente illustrato con immagini fotografiche a colori di mobili e oggetti d'arredamento progettati da Martine Bedin, Aldo Cibic, Michele De Lucchi, Nathalie du Pasquier, Cesare Ongaro, Christoph Radl, Maria Marta Rey Rosa, Peter Shire, George James Sowden, Marco Zanini. Design grafico di Christoph Radl e Maria Marta Rey Rosa.

99 ***Architectural strips. Design e strisce di architettura e design***, Milano, Memphis Mostre, 1987, 29,5x21 cm, brossura, pp.[24] (incluse le copertine), copertina tipografica a colori. Catalogo interamente illustrato con disegni e fumetti a colori di Roberto Baldazzini, Danielle Brolli, Giorgio Carpintieri, Massimo Giacon, Gabriella Giandelli, Massimo Iosa-Ghini, Lorenzo Mattotti, Daniele Scandola, Igor Tuveri. Testo introduttivo in italiano e inglese di Barbara Radice. Design grafico a cura dello Studio Sottsass Associati e Christoph Radl.

98 ***Memphis Milano 1986***, Milan, 1986, 28x21,8 cm, paperback binding, pp.[16], colour illustrated cover. Fully illustrated catalogue with colour photographs of furniture and decorative objects designed by Martine Bedin, Aldo Cibic, Michele De Lucchi, Nathalie du Pasquier, Cesare Ongaro, Christoph Radl, Maria Marta Rey Rosa, Peter Shire, George James Sowden and Marco Zanini. Graphic design by Christoph Radl and Maria Marta Rey Rosa.

99 ***Architectural strips. Design e strisce di architettura e design***, Milan, Memphis Mostre, 1987, 29,5x21 cm, paperback binding, pp.[24] (including covers), typographic colour cover. Fully illustrated catalogue with colour drawings and cartoons by Roberto Baldazzini, Danielle Brolli, Giorgio Carpintieri, Massimo Giacon, Gabriella Giandelli, Massimo Iosa-Ghini, Lorenzo Mattotti, Daniele Scandola and Igor Tuveri. Introductory text in Italian and English by Barbara Radice. Graphic design by Studio Sottsass Associati and Christoph Radl.

100

101

100 ***Memphis Milano 1987***, Milano, Memphis, [stampa: Litografia Stampamatic Laminati Abet Print], 1987, 28x21,2 cm, brossura, pp.[24], copertina illustrata a colori. Catalogo interamente illustrato con immagini fotografiche a colori di mobili e oggetti d'arredamento progettati da Andrea Branzi, Beppe Caturegli, Michele De Lucchi, Nathalie du Pasquier, Massimo Iosa-Ghini, Giovanni Levanti, Peter Shire, Marco Zanini. Fotografie Santi Caleca. Design grafico a cura dello Studio Sottsass Associati e Christoph Radl.

101 ***Vetri - Glass. Ettore Sottsass - Marco Zanini - 1986***, Milano, Memphis, 1988, 28x21,4 cm, brossura, pp.[32] incluse le copertine, volume interamente illustrato con immagini fotografiche a colori di 34 oggetti di vetro progettati da Ettore Sottsass e 14 oggetti progettati da Marco Zanini. Fotografie di Santi Caleca. Testo introduttivo di Ettore Sottsass in italiano e inglese.

100 ***Memphis Milano 1987***, Milan, Memphis, [printer: Litografia Stampamatic Laminati Abet Print], 1987, 28x21,2 cm, paperback binding, pp.[24], colour illustrated cover. Fully illustrated catalogue with colour photographs of furniture and decorative objects by Andrea Branzi, Beppe Caturegli, Michele De Lucchi, Nathalie du Pasquier, Massimo Iosa-Ghini, Giovanni Levanti, Peter Shire and Marco Zanini. Photography by Santi Caleca. Graphic design by Studio Sottsass Associati and Christoph Radl.

101 ***Vetri - Glass. Ettore Sottsass - Marco Zanini - 1986***, Milan, Memphis, 1988, 28x21,4 cm, paperback binding, pp.[32] including covers, fully illustrated volume featuring colour photographs of 34 glass objects designed by Ettore Sottsass and 14 objects designed by Marco Zanini. Photographs by Santi Caleca. Introduction by Ettore Sottsass in Italian and English.

MINOTTI (Ezio)

102 ***L'arredamento di Ezio Minotti***, (Monza), (Modernografica), senza data [1950 ca.], 20,8x11 cm, brossura, pp.[49], copertina illustrata a tre colori, 54 illustrazioni in bianco e nero (molte delle quali a piena pagina) con immagini fotografiche di mobili progettati da Ezio Minotti. Design grafico di Ezio Minotti.

102 ***L'arredamento di Ezio Minotti***, (Monza), (Modernografica), n.d. [ca. 1950], 20,8x11 cm, paperback binding, pp.[49], illustrated cover in three colours, 54 black and white images (many of which full page) with photographs of images designed by Ezio Minotti. Graphic design by Ezio Minotti.

102

102

MOBELHAUS

103

103 ***Arredamenti per sale da bagno***, Boretto (RE), Arti Grafiche U. Soncini, senza data [1970 ca.], 30,8x21,5 cm, brossura, pp.[16], copertina illustrata e 18 tavole a colori (comprese i retro copertine) con immagini fotografiche di arredamenti per il bagno.

103 ***Arredamenti per sale da bagno***, Boretto (RE), Arti Grafiche U. Soncini, n.d. [ca. 1970], 30,8x21,5 cm, paperback binding, pp.[16], illustrated cover and 18 colour plates (including the back cover) with photographs of bathroom furniture.

MOBILIA (Milano)

104

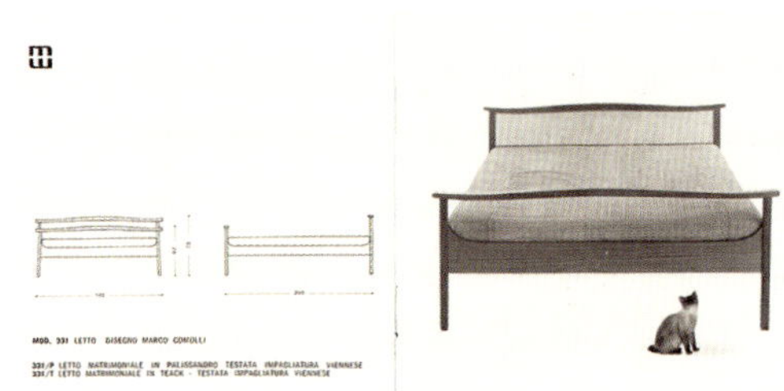

104

104 ***Mobilia Compagnia Italiana per l'Arredamento - Milano***, Milano, Mobilia, senza data [1960], 11x11 cm, brossura, pp.[36], copertina illustrata in bianco e nero. Catalogo aziendale con 18 immagini fotografiche in bianco e nero di mobili e oggetti d'arredamento prodotti dalla Compagnia Italiana per l'arredamento Mobilia di Milano. Design grafico di Giulio Confalonieri e Ilio Negri.

104 ***Mobilia Compagnia Italiana per l'Arredamento - Milano***, Milan, Mobilia, s.d. [1960], 11x11 cm, paperback binding, pp.[36], black and white illustrated cover. Company catalogue with 18 black and white photographs of furniture and decorative objects created by Compagnia Italiana per l'arredamento Mobilia di Milano. Graphic design by Giulio Confalonieri and Ilio Negri.

NOVARESI (Achille)

105

105 ***Novaresi***, Milano, senza data [1930 ca.], 30,4x17,6 cm, depliant pubblicitario ripiegato in quattro parti [8 facciate], copertina illustrata a colori firmata Ramori (Ram - Oriani?) e 7 illustrazioni in bianco e nero con immagini fotografiche di camere, divani-letto, poltrone.

105 ***Novaresi,*** Milan, n.d. [ca. 1930], 30,4x17,6 cm, fourfold advertising brochure [8 sides], colour illustrated cover signed by Ramori (Ram - Oriani?) and 7 black and white illustrations with photographs of rooms, sofa beds and armchairs.

OFFICINA UNDICI

106

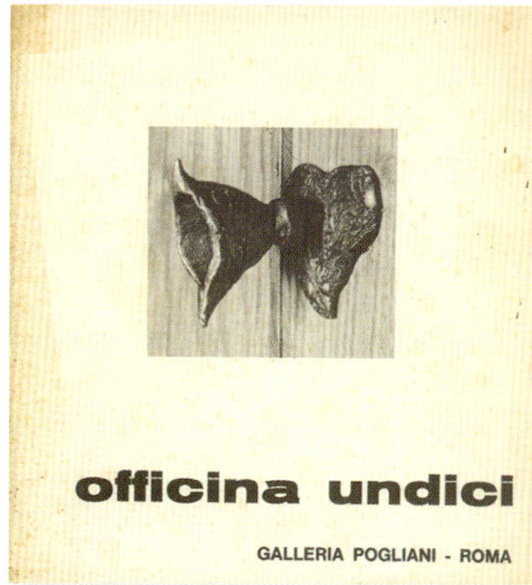

106

106

106

106 ***Officina Undici. Mobili di Fabio De Sanctis e Ugo Sterpini. Testo di Enrico Crispolti. Catalogo n. 1, 1963-64***, Roma, Officina Undici, senza data [1963], 25x23 cm, brossura, pp.[96], catalogo interamente illustrato con riproduzioni in bianco e nero e a colori di disegni progettuali e mobili surrealisti. Tiratura di 2000 esemplari numerati. Design grafico a cura dell'Officina Undici.

106 ***Officina Undici. Mobili di Fabio De Sanctis e Ugo Sterpini. Testo di Enrico Crispolti. Catalogo n. 1, 1963-64***, Rome, Officina Undici, n.d. [1963], 25x23 cm, paperback binding, pp.[96], fully illustrated catalogue with black and white and colour reproductions of Surrealist designs and pieces of furniture. Print run of 2,000 numbered copies. Graphic design by Officina Undici.

OLIVETTI (Ing. C. Olivetti & C.)

107

107 ***Olivetti M40***, Milano, Società Grafica Guido Modiano, senza data [1934], 32x70,5 cm, depliant pubblicitario della macchina da scrivere Olivetti M40 ripiegato in tre parti [6 facciate], interamente illustrato con disegni e fotomontaggi a colori da Xanti Schawinsky. Design grafico di Xanti Schawinsky.

107 ***Olivetti M40***, Milan, Società Grafica Guido Modiano, n.d. [1934], 32x70,5 cm, advertising threefold brochure for the Olivetti M40 typewriter [6 sides], fully illustrated with colour drawings and photo montages by Xanti Schawinsky. Graphic design by Xanti Schawinsky.

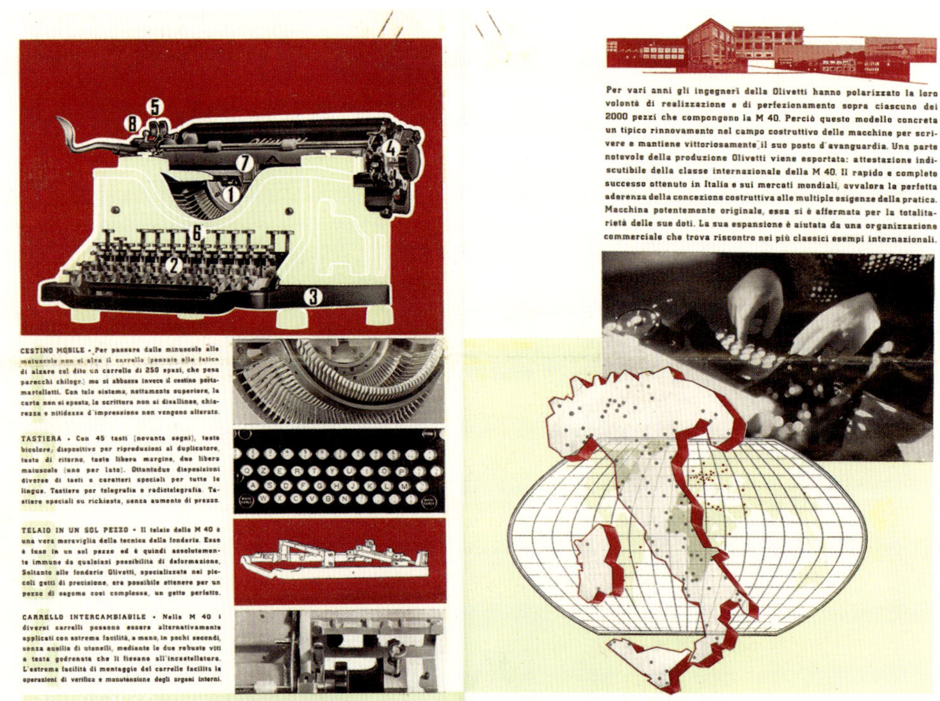

107

108

109

108 ***Una macchina per scrivere nelle nostre case - Olivetti Lettera 22***, (Ivrea), Olivetti, senza data [1950], 29,5x21 cm, plaquette, pp.[4], copertina illustrata con una composizione grafica a colori di Giovanni Pintori, schemi e immagini a colori nel testo. Design grafico di Giovanni Pintori.
109 ***Olivetti Divisumma 24***, Ivrea, Ing. C. Olivetti & C., senza data [1956], 29,7x21 cm, brossura con punti metallici, pp.[8] (compresa la copertina), una composizione grafica a colori su fondo nero in copertina, interno interamente illustrato con disegni, immagini e riquadri a colori. La "Divisumma 24" fu progettata per la parte meccanica da Natale Capellaro e per il design da Marcello Nizzoli. Design grafico di Giovanni Pintori.

108 ***Una macchina per scrivere nelle nostre case - Olivetti Lettera 22***, (Ivrea), Olivetti, n.d. [1950], 29,5x21 cm, plaquette, pp.[4], cover illustrated by a colour graphic composition by Giovanni Pintori, diagrams and colour images in the text. Graphic design by Giovanni Pintori.
109 ***Olivetti Divisumma 24***, Ivrea, Ing. C. Olivetti & C., n.d. [1956], 29,7x21 cm, paperback binding with metal points, pp.[8] (including cover), colour graphic composition on a black background on the cover, fully illustrated with colour drawings, images and pictures. The mechanics of the "Divisumma 24" were designed by Natale Capellaro and the visual design by Marcello Nizzoli. Graphic design by Giovanni Pintori.

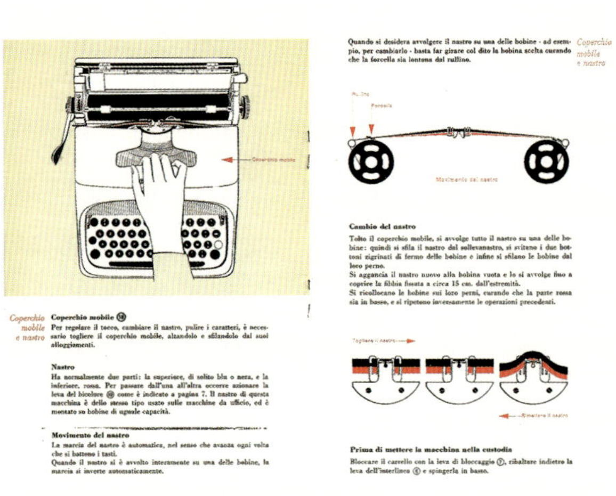

Coperchio mobile e nastro

Coperchio mobile ⑱
Per regolare il tocco, cambiare il nastro, pulire i caratteri, è necessario togliere il coperchio mobile, alzandolo e sfilandolo dai suoi alloggiamenti.

Nastro
Ha normalmente due parti: la superiore, di solito blu o nera, e la inferiore, rossa. Per passare dall'una all'altra occorre azionare la leva del bicolore ⑲ come è indicato a pagina 7. Il nastro di questa macchina è dello stesso tipo usato sulle macchine da ufficio, ed è montato su bobine di uguale capacità.

Movimento del nastro
La marcia del nastro è automatica, nel senso che avanza ogni volta che si battono i tasti.
Quando il nastro si è avvolto interamente su una delle bobine, la marcia si inverte automaticamente.

Coperchio mobile e nastro

Quando si desidera avvolgere il nastro su una delle bobine - ad esempio, per cambiarlo - basta far girare col dito la bobina scelta curando che la forcella sia lontana dal rullino.

Cambio del nastro
Tolto il coperchio mobile, si avvolge tutto il nastro su una delle bobine: quindi si sfila il nastro dal sollevanastro, si svitano i due bottoni zigrinati di fermo delle bobine e infine si sfilano le bobine dal loro perno.
Si aggancia il nastro nuovo alla bobina vuota e lo si avvolge fino a coprire la fibbia fissata a circa 15 cm. dall'estremità.
Si ricollocano le bobine sui loro perni, curando che la parte rossa sia in basso, e si ripetono inversamente le operazioni precedenti.

Prima di mettere la macchina nella custodia
Bloccare il carrello con la leva di bloccaggio ⑦, ribaltare indietro la leva dell'interlinea ⑥ e spingerla in basso.

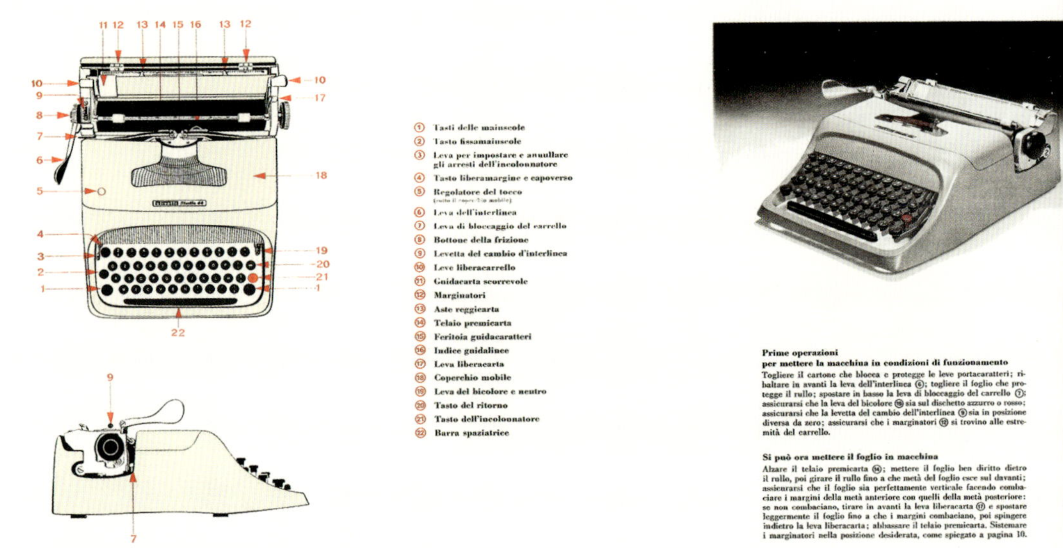

① Tasti delle maiuscole
② Tasto fissamaiuscole
③ Leva per impostare e annullare gli arresti dell'incolonnatore
④ Tasto liberamargine e capoverso
⑤ Regolatore del tocco
⑥ Leva dell'interlinea
⑦ Leva di bloccaggio del carrello
⑧ Bottone della frizione
⑨ Levetta del cambio d'interlinea
⑩ Leve liberacarrello
⑪ Guidacarta scorrevole
⑫ Marginatori
⑬ Aste reggicarta
⑭ Telaio premicarta
⑮ Feritoia guidacaratteri
⑯ Indice guidalinee
⑰ Leva liberacarta
⑱ Coperchio mobile
⑲ Leva del bicolore e neutro
⑳ Tasto del ritorno
㉑ Tasto dell'incolonnatore
㉒ Barra spaziatrice

Prime operazioni
per mettere la macchina in condizioni di funzionamento
Togliere il cartone che blocca e protegge le leve portacaratteri; ribaltare in avanti la leva dell'interlinea ⑥; togliere il foglio che protegge il rullo; spostare in basso la leva di bloccaggio del carrello ⑦; assicurarsi che la leva del bicolore ⑲ sia sul dischetto azzurro o rosso; assicurarsi che la levetta del cambio dell'interlinea ⑨ sia in posizione diversa da zero; assicurarsi che i marginatori ⑫ si trovino alle estremità del carrello.

Si può ora mettere il foglio in macchina
Alzare il telaio premicarta ⑭; mettere il foglio ben diritto dietro il rullo, poi girare il rullo fino a che metà del foglio esce sul davanti; assicurarsi che il foglio sia perfettamente verticale facendo combaciare i margini della metà anteriore con quelli della metà posteriore: se non combaciano, tirare in avanti la leva liberacarta ⑰ e spostare leggermente il foglio fino a che i margini combaciano, poi spingere indietro la leva liberacarta; abbassare il telaio premicarta. Sistemare i marginatori nella posizione desiderata, come spiegato a pagina 10.

110 ***Olivetti Studio 44***, Ivrea, Ing. C. Olivetti & C. s.p.a., senza data [1952], 29,5x21,2 cm, plaquette, pp.[4], copertina illustrata con fotocomposizione a colori, 1 immagine fotografica in bianco, nero e rosso e alcuni schemi nel testo. Design grafico senza indicazioni dell'autore ma attribuibile a Giovanni Pintori, art director della Olivetti dal 1938 al 1968.

110 ***Olivetti Studio 44***, Ivrea, Ing. C. Olivetti & C. s.p.a., n.d. [1952], 29,5x21,2 cm, plaquette, pp.[4], cover illustrated with colour photo compositions, 1 photograph in black, white and red and some patterns in the text. Graphic design is unattributed but can be credited to Giovanni Pintori, art director of Olivetti from 1938 to 1968.

111

Modalità per i versamenti

- *per i versamenti successivi al primo* non è richiesta una particolare frequenza nè fissata una determinata entità, ma, in ogni caso, occorre servirsi degli speciali moduli, distribuiti all'atto dell'apertura del conto.
- il modulo, staccato dall'apposito blocchetto, potrà essere presentato, col danaro corrispondente, ad un qualsiasi ufficio postale, *oppure* a un negozio di Filiale Olivetti.
- a chi versa sarà rilasciata la parte 3ª del modulo (ricevuta) e resterà annullata, dal timbro a data, la marca speciale stampata nella stessa parte del modulo.
- effettuato il versamento, lo studente staccherà dalla ricevuta la marca annullata e la applicherà (è già gommata) sul libretto destinato a raccoglierla.

Attenzione!

- chi effettua i versamenti presso i negozi Olivetti evita le code e non paga la tassa postale (L. 10 per ogni versamento).
- tutti possono fare versamenti sui conti, purchè si servano dei moduli speciali. Proponete, a chi vuol farvi un regalo, di riempire uno dei moduli e di aumentare, così, il vostro conto.
- se in un anno non si versano almeno 6.000 lire saranno sospesi gli abbonamenti premio, che però riprenderanno a decorrere quando sia raggiunta la cifra stabilita.

111

111 ***Lettera allo studente***, Milano, Ing. C.Olivetti & C. s.p.a., senza data [1956], 20x13,5 cm, brossura, pp.[36] (di cui l'ultima pagina con fustellatura e ripiegata), copertina illustrata a colori, impaginazione e 27 vignette a colori di autore anonimo, 1 illustrazione a colori con l'immagine fotografica della macchina da scrivere, 1 tavola ripiegata con il regolamento. Testo anonimo. Nell'opuscolo viene proposto un sistema studiato appositamente per gli studenti di investimento e rateizzazione sostenibile per l'acquisto di una "Lettera 22", macchina da scrivere progettata nel 1950 dall'architetto e designer Marcello Nizzoli.

111 ***Lettera allo studente***, Milan, Ing. C. Olivetti & C. s.p.a., , n.d. [1956], 20x13,5 cm, paperback binding, pp.[36] (the final page is cut and folded), colour illustrated cover and layout, 27 colour vignettes by an anonymous artist, 1 colour illustration with a photograph of the typewriter, 1 folded plate with instructions. Anonymous text. The booklet proposes a purchase system designed especially for students to buy a "Lettera 22" typewriter, designed by the architect and designer Marcello Nizzoli.

OLUCE

112

112 ***Oluce***, Milano, O luce s.r.l., senza data [1990 ca.], 21x15 cm, depliant ripiegato in sei parti [12 facciate], copertina illustrata a due colori (rosso e nero su fondo bianco) con piccoli disegni e immagini fotografiche fra cui alcuni ritratti dei designer che hanno lavorato per l'azienda (sono riconoscibili Stefano Casciani, Joe Colombo, Toni Cordero, Riccardo Dalisi, Bruno Gecchelin, Marta Laudani, Vico Magistretti, Marco Romanelli, Hans Peter Weidmann). 60 illustrazioni a colori con immagini fotografiche di lampade e 100 piccole illustrazioni al tratto con le sagome delle lampade prodotte dall'azienda.

112 ***Oluce***, Milan, O luce s.r.l., n.d. [ca. 1990], 21x15 cm, sixfold brochure [12 sides], cover illustrated in two colours (red and black on a white background) with small drawings and photographs with some portraits of designers who have worked with the company (Stefano Casciani, Joe Colombo, Toni Cordero, Riccardo Dalisi, Bruno Gecchelin, Marta Laudani, Vico Magistretti, Marco Romanelli and Hans Peter Weidmann are recognisable). 60 colour illustrations with photographs of lamps and 100 small drawings of silhouettes of lamps produced by the company.

112

ORMEZZANO

113

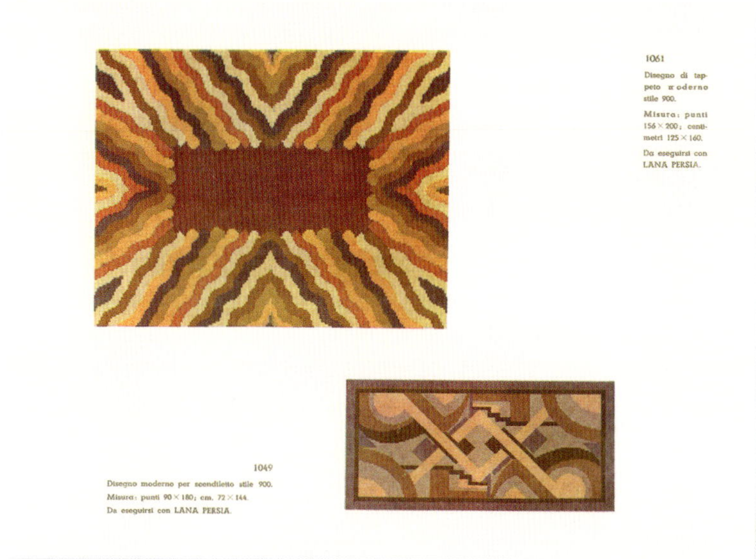

113

113 ***Tappeti per la vostra casa. Catalogo tappeti N.1***, Torino - Milano, Edizioni "Ormezzano" - Arti Grafiche Bertarelli, 1935, 30,6x23,5 cm, brossura, pp.[44], copertina tipografica stampata su fondo argento e con lettere virate in blu e azzurro, 71 illustrazioni a colori nel testo, 3 illustrazioni in bianco e nero nel testo con esempi di tappeti moderni dalle linee futuriste e astrattiste.

113 ***Tappeti per la vostra casa. Catalogo tappeti N.1***, Turin - Milan, Edizioni "Ormezzano" - Arti Grafiche Bertarelli, 1935, 30,6x23,5 cm, paperback binding, pp.[44], typographic cover printed on a silver background with blue letters, 71 colour illustrations in the text, 3 black and white illustrations in the text with examples of modern rugs from the Futurist and abstract lines.

PALMISANO (Elio)

114 ***10 tappeti moderni - 10 modern carpets. Design Nathalie du Pasquier + George J. Sowden***, Guanzate (CO), Edizioni Tessili, 1986, 23,8x16,6 cm, brossura, pp.[28], copertina tipografica a colori. Catalogo aziendale con 15 immagini fotografiche a colori (alcune ripiegate) di tappeti disegnati da Nathalie du Pasquier e George James Sowden tra il 1983 e il 1986 e realizzati da Elio Palmieri. Fotografie di Ilvio Gallo. Design grafico di George James Sowden.

114 ***10 tappeti moderni - 10 modern carpets. Design Nathalie du Pasquier + George J. Sowden***, Guanzate (CO), Edizioni Tessili, 1986, 23,8x16,6 cm, paperback binding, pp.[28], colour typographic cover. Company catalogue with 15 colour photographs (some folded) of carpets designed by Nathalie du Pasquier and George James Sowden between 1983 and 1986 made by Elio Palmieri. Photographs by Ilvio Gallo. Graphic design by George James Sowden.

114

PINO

115

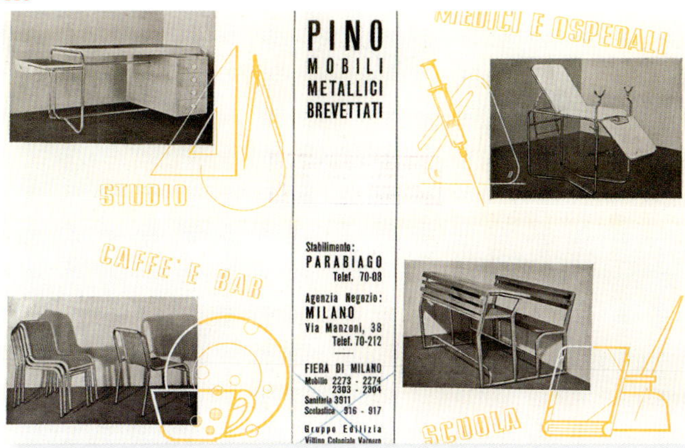

115

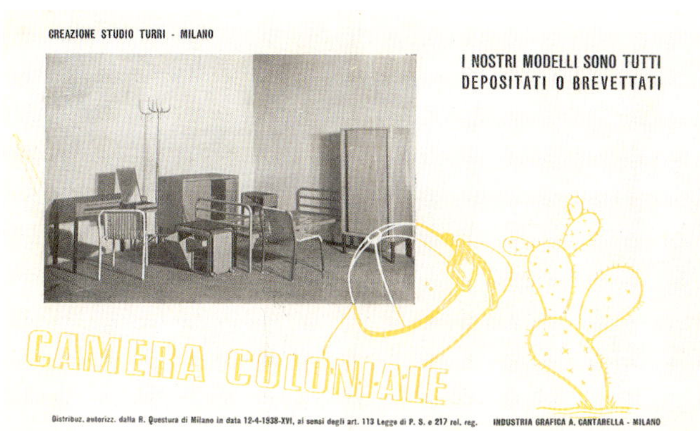

115

115 ***Pino. Mobili metallici brevettati***, Milano, Industria Grafica A. Cantarella, 1938, 23,5x33,4 cm, depliant ripiegato in quattro parti, copertina illustrata a colori e 7 illustrazioni in bianco e nero con immagini fotografiche di mobili per studi, bar, ospedali e scuole realizzati dalla ditta Pino di Parabiago. Design grafico a cura dell'Industria Grafica A. Cantarella.

115 ***Pino. Mobili metallici brevettati***, Milan, Industria Grafica A. Cantarella, 1938, 23,5x33,4 cm, fourfold brochure, colour cover and 7 black and white illustrations with photographs of furniture for offices, bars, hospitals and schools made by the Pino company from Parabiagio. Graphic design by Industria Grafica A. Cantarella.

PIRONI (Carlo)

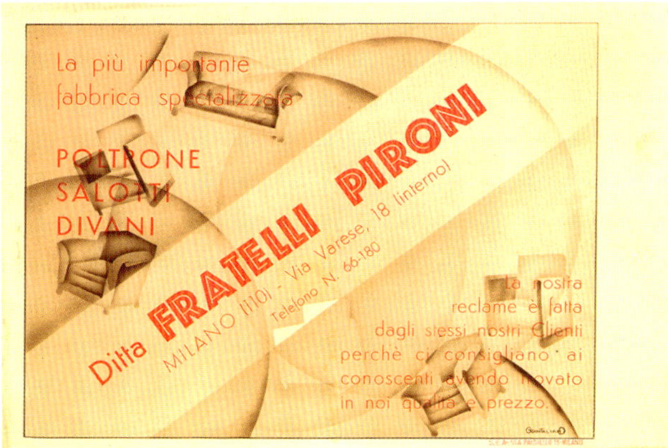

116

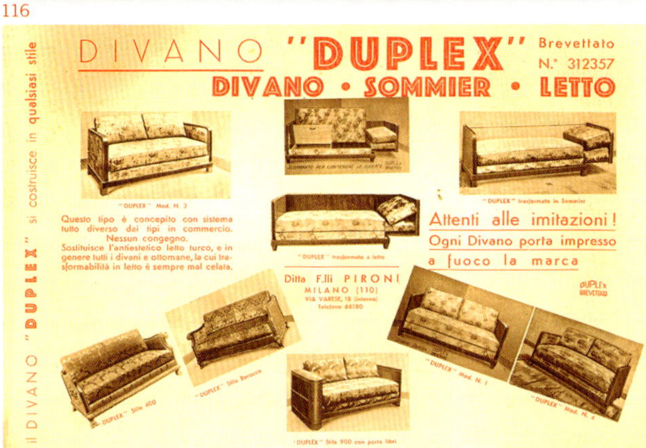

116

117

116 ***Ditta Fratelli Pironi***, Milano, S.E.A., senza data [1941], 17x25,5 cm, brossura, pp.[8] (comprese le copertine), copertina illustrata firmata GranTalian. Catalogo interamente illustrato, con immagini seppiate di salotti, poltrone, divani-letto, poltrone-letto, prodotti dalla ditta Pironi di Milano.

117 ***Salotti - Poltrone - Divani letto***, Milano, Ditta Fratelli Pironi, [stampa: A. Colombi - Milano], 1941 (14 aprile), 12x16,5 cm, brossura, pp.[1]- 30-[1] (compresa la copertina), copertina illustrata con un disegno e una composizione grafica in seppia e bianco, firmata con monogramma "SAP". Catalogo interamente illustrato in seppia con immagini di salotti, poltrone, divani-letto.

116 ***Ditta Fratelli Pironi***, Milan, S.E.A., n.d. [1941], 17x25,5 cm, paperback binding, pp.[8] (including covers), cover illustration signed GranTalian. Fully illustrated catalogue with sepia images of living rooms, armchairs, sofa beds and armchair beds made by the Pironi company from Milan.

117 ***Salotti - Poltrone - Divani letto***, Milan, Ditta Fratelli Pironi, [printer: A. Colombi - Milan], 1941 (14th April), 12x16,5 cm, paperback printing, pp.[1]- 30-[1] (including the cover), cover illustrated with a drawing and a graphic composition in sepia and white, signed with the monogram "SAP". Fully illustrated catalogue in sepia with images of living rooms, armchairs and sofa beds.

PLURA EDIZIONI

118

118 ***Specchio misuratore***, Milano, Plura Edizioni, senza data [1971], 17,5x13,7 cm, cartolina illustrata con un fotomontaggio a colori del multiplo "Specchio misuratore" realizzato da Superstudio. Design grafico a cura di Superstudio.

118 ***Specchio misuratore***, Milan, Plura Edizioni, n.d. [1971], 17,5x13,7 cm, postcard featuring an image of the "Specchio misuratore" multiple created by Superstudio. Graphic design by Superstudio.

POLTRONOVA

119

120

119

120

119 ***Poltronova. Collezione internazionale 67/68***, Agliana (Pistoia), Poltronova s.p.a., [stampa: Poligrafico G.Colombi], 1967-1968, 21,8x21cm, brossura, pp.48, copertina tipografica stampata su fondo argento con scritte in nero. 43 illustrazioni a colori e 3 in bianco e nero con immagini fotografiche di mobili e arredamenti progettati da Archizoom, Gae Aulenti, Giovanni Bassi, Angelo Mangiarotti, Giovanni Michelucci, Ettore Sottsass, Elena e Massimo Vignelli, 98 illustrazioni al tratto con i grafici e la scheda tecnica di ciascun arredo. Design grafico di Valentina Zannier.

120 ***Michelucci - Poltronova***, Agliana (Pistoia), (1970), 21x82 cm, depliant a 4 ante [8 facciate], copertina illustrata a colori. 2 immagini fotografiche a colori di un salotto e una camera da letto disegnati da Giovanni Michelucci.

119 ***Poltronova. Collezione internazionale 67/68***, Agliana (Pistoia), Poltronova s.p.a., [printer: Poligrafico G.Colombi], 1967-1968, 21,8x21cm, paperback binding, pp.48, typographic cover with black lettering printed on a silver background. 43 colour illustrations and 3 black and white photographs of furniture and furnishing designed by Archizoom, Gae Aulenti, Giovanni Bassi, Angelo Mangiarotti, Giovanni Michelacci, Ettore Sottsass, Elena and Massimo Vignelli, 98 drawings with graphics and technical details of each piece of furniture. Graphic design by Valentina Zannier.

120 ***Michelucci - Poltronova***, Agliana (Pistoia), (1970), 21x82 cm, fourfold leaflet [8 sides], colour illustrated cover. 2 colour photographs of a living room and a bedroom designed by Giovanni Michelucci.

121

122

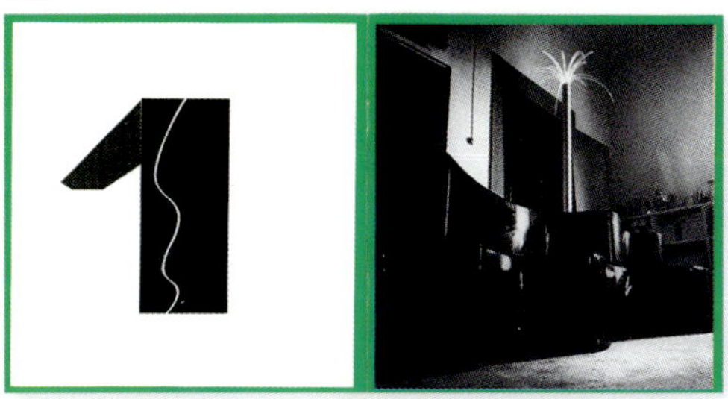

121

122

121 ***Archizoom. Poltronova***, Agliana (Pistoia), Poltronova s.p.a., [stampa: Poligrafico G.Colombi], [1970], 21x21 cm, brossura, pp.[12], copertina illustrata tre colori, 7 illustrazioni a colori e 6 in bianco e nero con immagini fotografiche del divano modello Safari e Superonda, della poltrona modello Safari e Mies. Design grafico a cura di Archizoom.

122 ***Superonda Safari Mies***, Agliana, Poltronova, 1971, 20,9x21 cm, brossura, pp.9-[3], copertina tipografica, 6 illustrazioni a colori (una a piena e una a doppia pagina) e 2 in bianco e nero a piena pagina con immagini fotografiche dei divani Superonda e Safari e delle poltrone Safari e Mies disegnati dallo studio Archizoom; 1 illustrazione al tratto in bianco e nero, 1 tavola in bianco e nero con esempi di componibilità del divano Safari, 6 illustrazioni al tratto con i grafici e la scheda tecnica di ciascun arredo. Design grafico a cura di Archizoom.

121 ***Archizoom. Poltronova***, Agliana (Pistoia), Poltronova s.p.a., [printer: Poligrafico G.Colombi], [1970], 21x21 cm, paperback, pp.[12], illustrated cover with three colours, 7 colour illustrations and 6 black and white photographs of the Safari and Superonda sofa and the Safari and Mies armchair. Graphic design by Archizoom.

122 ***Superonda Safari Mies***, Agliana, Poltronova, 1971, 20,9x21 cm, paperback binding, pp.9-[3], typographic cover, 6 colour illustrations (one full page and one double page) and 2 full page black and white photographs of the Superonda and Safari sofas and the Safari and Mies armchairs designed by Archizoom; 1 black and white illustration, 1 black and white plate with examples of the configurations of the Safari sofa, 6 drawings with the graphics and technical details of each piece of furniture. Graphic design by Archizoom.

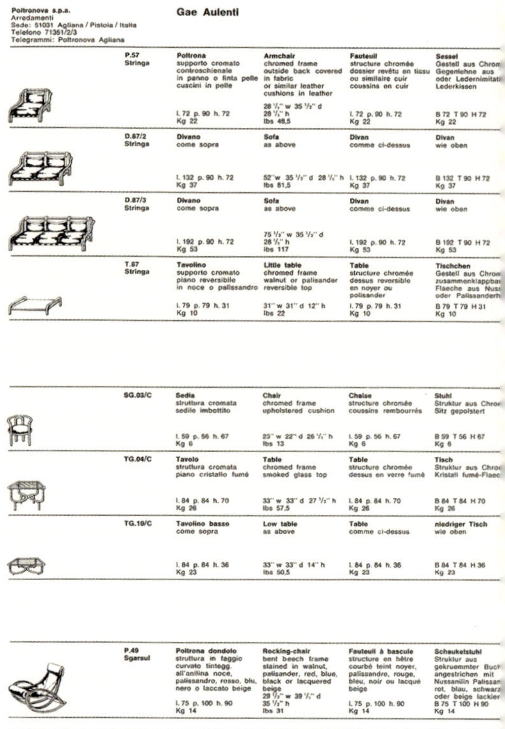

Poltronova s.p.a.
Arredamenti
Sede: 51031 Agliana / Pistoia / Italia
Telefono 71351/2/3
Telegrammi: Poltronova Agliana

Gae Aulenti

P.57 **Stringa**	**Poltrona** supporto cromato controschienale in panno o finta pelle cuscini in pelle l. 72 p. 90 h. 72 Kg 22	**Armchair** chromed frame outside back covered in fabric or similar leather cushions in leather 28 ½" w 35 ½" d 28 ½" h lbs 48,5	**Fauteuil** structure chromée dossier revêtu en tissu ou similaire cuir coussins en cuir l. 72 p. 90 h. 72 Kg 22	**Sessel** Gestell aus Chrom Gegenlehne aus oder Ledernimitat Lederkissen B 72 T 90 H 72 Kg 22
D.87/2 **Stringa**	**Divano** come sopra l. 132 p. 90 h. 72 Kg 37	**Sofa** as above 52" w 35 ½" d 28 ½" h lbs 81,5	**Divan** comme ci-dessus l. 132 p. 90 h. 72 Kg 37	**Divan** wie oben B 132 T 90 H 72 Kg 37
D.87/3 **Stringa**	**Divano** come sopra l. 192 p. 90 h. 72 Kg 53	**Sofa** as above 75 ½" w 35 ½" d 28 ½" h lbs 117	**Divan** comme ci-dessus l. 192 p. 90 h. 72 Kg 53	**Divan** wie oben B 192 T 90 H 72 Kg 53
T.87 **Stringa**	**Tavolino** supporto cromato piano reversibile in noce o palissandro l. 79 p. 79 h. 31 Kg 10	**Little table** chromed frame walnut or palisander reversible top 31" w 31" d 12" h lbs 22	**Table** structure chromée dessus reversible en noyer ou polisander l. 79 p. 79 h. 31 Kg 10	**Tischchen** Gestell aus Chrom zusammenklappbar Flaeche aus Nuss oder Palissanderh B 79 T 79 H 31 Kg 10
SG.03/C	**Sedia** struttura cromata sedile imbottito l. 59 p. 56 h. 67 Kg 6	**Chair** chromed frame upholstered cushion 23" w 22" d 26 ½" h lbs 13	**Chaise** structure chromée coussins rembourrés l. 59 p. 56 h. 67 Kg 6	**Stuhl** Struktur aus Chrom Sitz gepolstert B 59 T 56 H 67 Kg 6
TG.04/C	**Tavolo** struttura cromata piano cristallo fumé l. 84 p. 84 h. 70 Kg 26	**Table** chromed frame smoked glass top 33" w 33" d 27 ½" h lbs 57,5	**Table** structure chromée dessus en verre fumé l. 84 p. 84 h. 70 Kg 26	**Tisch** Struktur aus Chrom Kristall fumé-Flaec B 84 T 84 H 70 Kg 26
TG.10/C	**Tavolino basso** come sopra l. 84 p. 84 h. 36 Kg 23	**Low table** as above 33" w 33" d 14" h lbs 50,5	**Table** comme ci-dessus l. 84 p. 84 h. 36 Kg 23	**niedriger Tisch** wie oben B 84 T 84 H 36 Kg 23
P.49 **Sgarsul**	**Poltrona dondolo** struttura in faggio curvato tintegg. all'anilina noce, palissandro, rosso, blu, nero o laccato beige l. 75 p. 100 h. 90 Kg 14	**Rocking-chair** bent beech frame stained in walnut, palisander, red, blue, black or lacquered beige 29 ½" w 39 ½" d 35 ½" h lbs 31	**Fauteuil à bascule** structure en hêtre courbé teint noyer, palissandre, rouge, bleu, noir ou lacqué beige l. 75 p. 100 h. 90 Kg 14	**Schaukelstuhl** Struktur aus gekruemmter Buch angestrichen mit Nussanilin Palissan rot, blau, schwarz oder beige lackier B 75 T 100 H 90 Kg 14

123

123

124

124

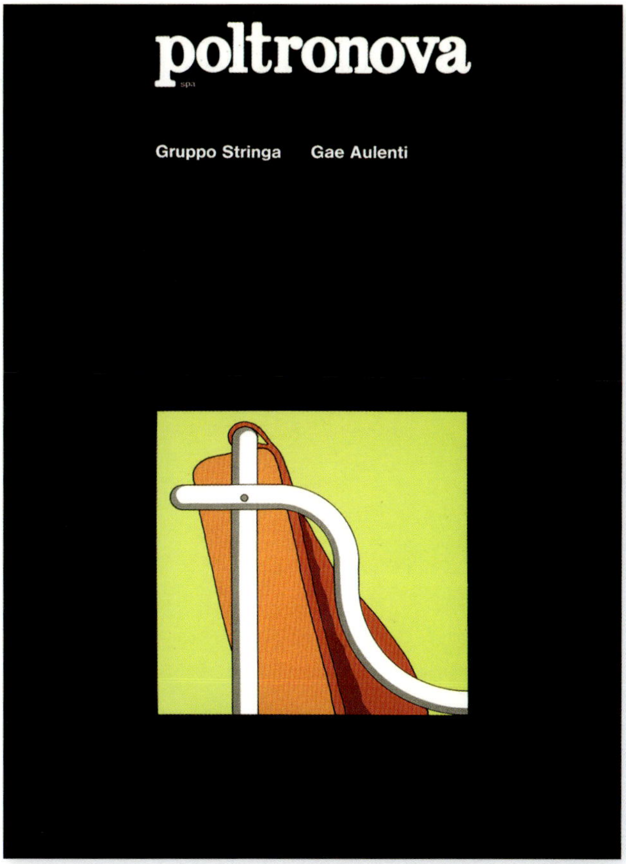

125

123 ***Poltronova. Gae Aulenti, Sgarsul, Gruppo Stringa, Gruppo Locus Solus cromato***, Agliana (Pistoia), Poltronova s.p.a., [stampa: Antonio Cardani], 1972, 29,5x21 cm, pieghevole a tre ante [6 facciate], interamente illustrato a colori con immagini fotografiche di divani, poltrone e tavolini disegnati da Gae Aulenti, 8 illustrazioni al tratto con i grafici e la scheda tecnica di ciascun arredo.

124 ***Poltronova. Gae Aulenti. Locus Solus mobili da giardino***, Agliana (Pistoia), Poltronova s.p.a., [stampa: Artigraf Firenze], senza data [1975 ca.], 29,4x21 cm, pieghevole a 3 ante [6 facciate], interamente illustrato a colori con immagini fotografiche di mobili da giardino disegnati da Gae Aulenti, 12 illustrazioni al tratto con i grafici e la scheda tecnica di ciascun arredo. Design grafico di Mario Lovergine.

125 ***Poltronova. Gruppo Stringa - Gae Aulenti***, Agliana (Pistoia), Poltronova s.p.a., [stampa: Artigraf Firenze], senza data [1975 ca.], 29,5x21 cm, pieghevole a 2 ante [4 facciate], interamente illustrato a colori con immagini fotografiche di mobili progettati da Gae Aulenti, 5 illustrazioni al tratto con i grafici e la scheda tecnica di ciascun arredo.

123 ***Poltronova. Gae Aulenti, Sgarsul, Gruppo Stringa, Gruppo Locus Solus cromato***, Agliana (Pistoia), Poltronova s.p.a., [printer: Antonio Cardani], 1972, 29,5x21 cm, threefold [6 sides], fully illustrated with colour photographs of sofas, armchairs and tables designed by Gae Aulenti, 8 drawings with the graphics and technical details of each piece of furniture.

124 ***Poltronova. Gae Aulenti. Locus Solus mobili da giardino***, Agliana (Pistoia), Poltronova s.p.a., [printer: Artigraf Firenze], n.d. [ca. 1975], 29,4x21 cm, threefold [6 sides], fully illustrated with colour photographs of garden furniture designed by Gae Aulenti, 12 drawings with the graphics and technical details of each piece of furniture. Graphic design by Mario Lovergine.

125 ***Poltronova. Gruppo Stringa - Gae Aulenti***, Agliana (Pistoia), Poltronova s.p.a., [printer: Artigraf Firenze], n.d. [ca. 1975], 29,5x21 cm, twofold [4 sides], fully illustrated with colour photographs of pieces of furniture designed by Gae Aulenti, 5 drawings with the graphics and technical details of each piece of furniture.

126

126 ***Poltronova. Nespolo***, Agliana (Pistoia), Poltronova s.p.a., [stampa: Artigraf Firenze], senza data [1975 ca.], 29,6x21 cm, pieghevole a 3 ante [6 facciate], illustrato a colori e in bianco e nero con immagini fotografiche di mobili progettati da Ugo Nespolo, 1 fotografia dell'artista e 4 illustrazioni al tratto con i grafici e la scheda tecnica di ciascun arredo. Con un breve testo in italiano e inglese di Pierre Restany.

126 ***Poltronova. Nespolo***, Agliana (Pistoia), Poltronova s.p.a., [printer: Artigraf Firenze], n.d. (ca. 1975), 29,6x21 cm, threefold [6 sides], illustrated in colour and black and white with photographs of furniture designed by Ugo Nespolo, 1 photograph of the artist 4 drawings with the graphics and technical details of each piece of furniture. With a short text in Italian and English by Pierre Restany.

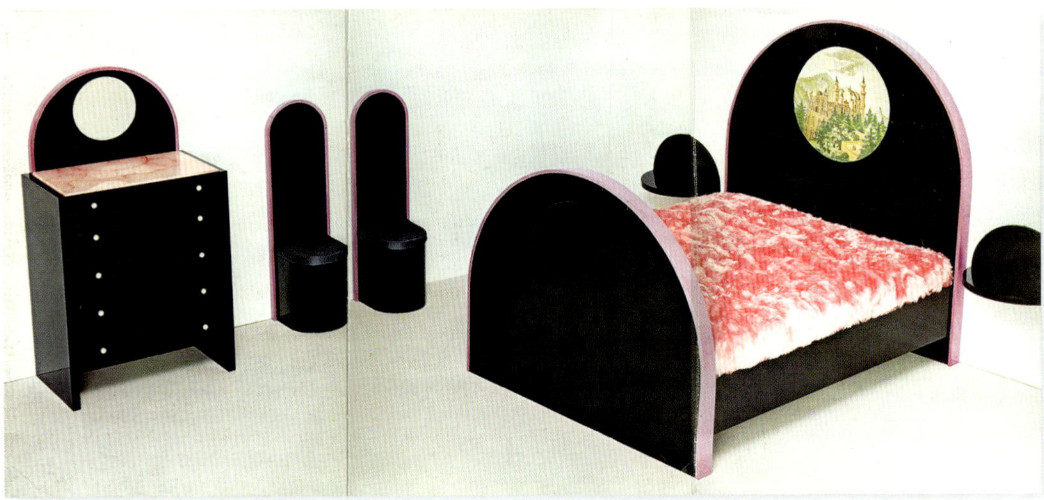

126

127 ***Poltronova. Mies - Archizoom. Sgarsul - Gae Aulenti. Ultrafragola - Ettore Sottsass. Joe - De Pas D'Urbino Lomazzi***, Agliana (Pistoia), Poltronova s.p.a., [stampa: Artigraf Firenze], senza data [1975 ca.], 29,6x21 cm, pieghevole a 2 ante [4 facciate], interamente illustrato a colori con immagini fotografiche di poltrone e specchi progettati da Archizoom, Gae Aulenti, De Pas-D'Urbino-Lomazzi, Ettore Sottsass, 5 illustrazioni al tratto con i grafici e la scheda tecnica di ciascun arredo.

128 ***Poltronova. Serie Battista - Sedia Ornella. Disegno: Sergio Cammilli***, Agliana (Pistoia), Poltronova s.p.a., senza data [1975 ca.], 29,5x21 cm, pieghevole a 3 ante [6 facciate], illustrato a colori e in bianco e nero con disegni e immagini fotografiche di mobili progettati da Sergio Cammilli per le linee "Serie Battista" e "Sedia Ornella", 7 illustrazioni al tratto con i grafici e la scheda tecnica di ciascun arredo.

127 ***Poltronova. Mies - Archizoom. Sgarsul - Gae Aulenti. Ultrafragola - Ettore Sottsass. Joe - De Pas D'Urbino Lomazzi***, Agliana (Pistoia), Poltronova s.p.a., [printer: Artigraf Firenze], n.d. [ca. 1975], 29,6x21 cm, twofold [4 sides], fully illustrated with colour photographs of armchairs and mirrors designed by Archizoom, Gae Aulenti, De Pas-D'Urbino-Lomazzi and Ettore Sottsass, 5 drawings with the graphics and technical details of each piece of furniture.

128 ***Poltronova. Serie Battista - Sedia Ornella. Disegno: Sergio Cammilli***, Agliana (Pistoia), Poltronova s.p.a., [printer: Artigraf Firenze], n.d. [ca. 1975], 29,5x21 cm,threefold [6 sides], illustrated in colour and black and white with photographs of furniture designed by Sergio Asti (Trifoglio), Gianfranco Fini (Regolino), Superstudio (Desino), Ettore Sottsass (Lotorosso), 6 drawings with the graphics and technical details of each piece of furniture.

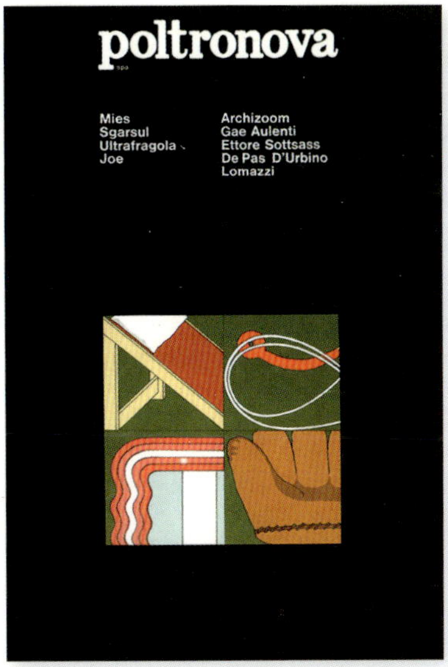

127

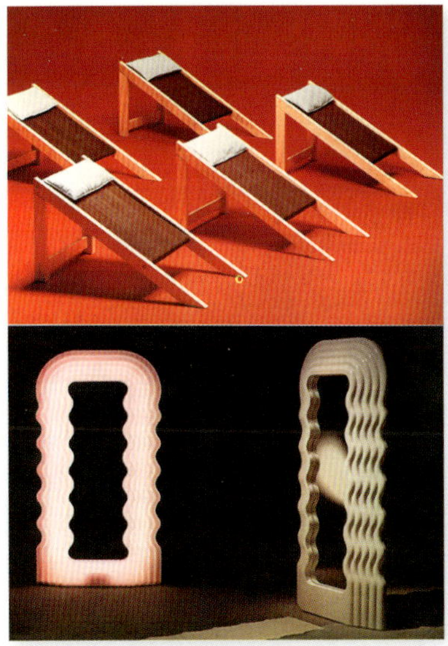

127

128

128

129 ***Poltronova. Regolo - Gianfranco Fini,*** Agliana (Pistoia), Poltronova s.p.a., [stampa: Artigraf Firenze], senza data [1975 ca.], 29,5x21 cm, pieghevole a 4 ante [8 facciate] illustrato a colori e in bianco e nero con disegni e immagini fotografiche di mobili progettati da Gianfranco Fini per la linea "Regolo", 9 illustrazioni al tratto con i grafici e la scheda tecnica di ciascun arredo.

129 ***Poltronova. Regolo - Gianfranco Fini***, Agliana (Pistoia), Poltronova s.p.a., [stampa: Artigraf Firenze], n.d. [ca. 1975], 29,5x21 cm, fourfold [8 sides] illustrated in colour and black and white with photographs of furniture designed by Gianfranco Fini for the "Regolo" line, 9 drawings with the graphics and technical details of each piece of furniture.

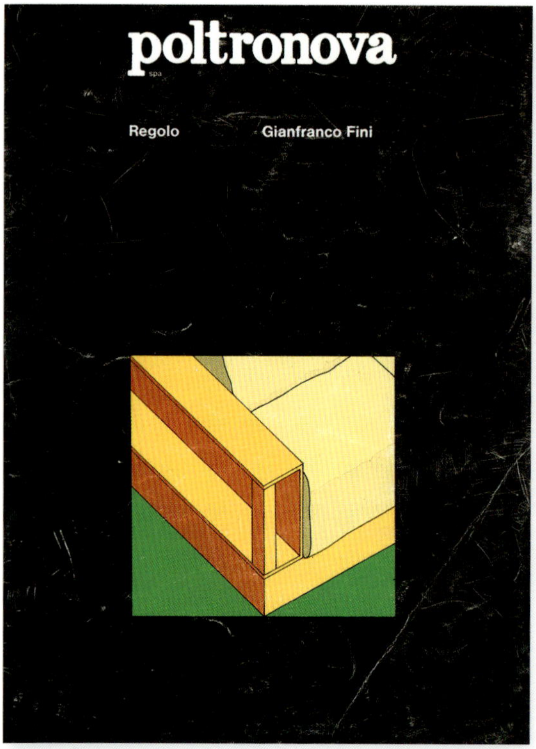

129

130 ***Poltronova. Trifoglio - Sergio Asti. Regolino - Gianfranco Fini. Desino - Superstudio. Lotorosso - Ettore Sottsass***, Agliana (Pistoia), Poltronova s.p.a., [stampa: Artigraf Firenze], senza data [1975 ca.], 29,5x21cm, pieghevole a 3 ante [6 facciate], illustrato a colori e in bianco e nero con disegni e immagini fotografiche di tavoli progettati da Sergio Asti (Trifoglio), Gianfranco Fini (Regolino), Superstudio (Desino), Ettore Sottsass (Lotorosso), 6 illustrazioni al tratto con i grafici e la scheda tecnica di ciascun arredo.

130 ***Poltronova. Trifoglio - Sergio Asti. Regolino - Gianfranco Fini. Desino - Superstudio. Lotorosso - Ettore Sottsass***, Agliana (Pistoia), Poltronova s.p.a., [printer: Artigraf Firenze], n.d. [ca. 1975], 29,5x21 cm, threefold [6 sides], illustrated in colour and black and white with photographs of furniture designed by Sergio Asti (Trifoglio), Gianfranco Fini (Regolino), Superstudio (Desino), Ettore Sottsass (Lotorosso), 6 drawings with the graphics and technical details of each piece of furniture.

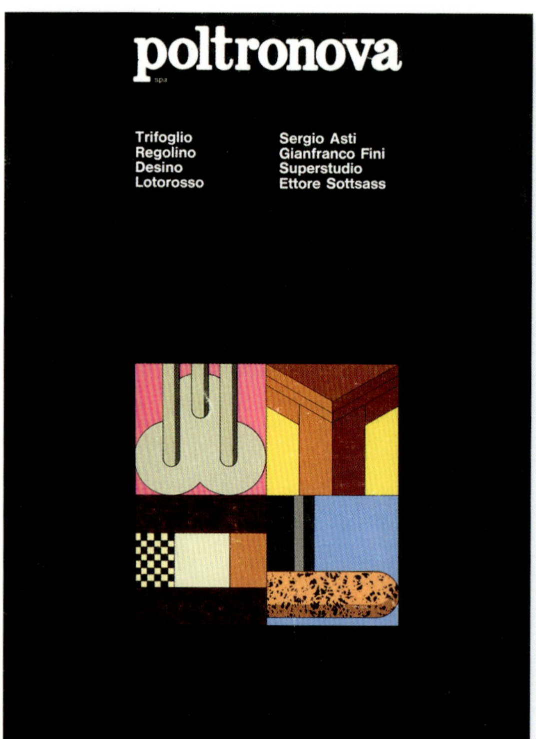

130

130

POZZI (Manifattura Ceramica)

131

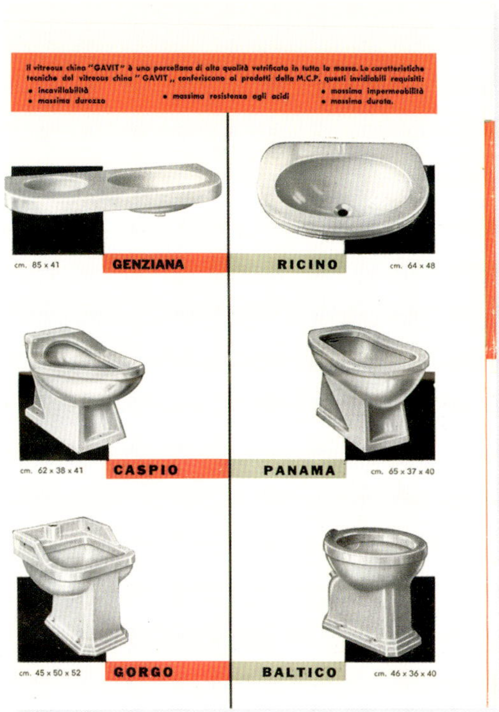

131

131 ***Fabbricati dalla manifattura ceramiche Pozzi***, Milano, Grafica Milano, senza data [1945 ca.], 47,8x68 cm, pieghevole a 8 ante [16 facciate] interamente illustrato con immagini a colori di apparecchi sanitari prodotti dallo stabilimento Pozzi di Milano.

131 ***Fabbricati della manifattura ceramiche Pozzi***, Milan, Grafica Milano, n.d. [ca. 1945], 47,8x68 cm, eightfold [16 sides] fully illustrated with colour images of sanitary products designed by the Pozzi company from Milan.

QUARTI (Eugenio)

132

132 ***E. Quarti. Mobili d'Arte Decorazioni Architettura interna***, Milano, senza editore [stampa: Soc. An. Stabilimento Arti Grafiche Alfieri & Lacroix], 1930, 31x23,7 cm, copertina in cartoncino argentato, pp.[32], 36 illustrazioni in bianco e nero con immagini fotografiche di mobili e ambienti progettati e realizzati dalla ditta Quarti. Impaginazione con decorazioni in argento sovraimpresse e ornamenti floreali rosa, testo stampato in argento.

132 ***E. Quarti. Mobili d'Arte Decorazioni Architettura interna***, Milan, n.p. [printer: Soc. An. Stabilimento Arti Grafiche Alfieri & Lacroix], 1930, 31x23,7 cm, cover in silver cardboard, pp.[32], 36 black and white photographs of furniture and environments designed by the Quarti company. Layout with silver decorations and pink floral ornaments, silver text.

132

REGGIANI LAMPADARI

133

133 ***Reggiani***, senza luogo [Monza], Reggiani Lampadari [stampa: Fratelli Bonetti], 1961, 19,8x23,7 cm, brossura, pp.[2 in carta velina]-[24] (incluse le copertine), copertina illustrata a tre colori, 37 illustrazioni a colori e in bianco e nero con immagini fotografiche di lampade e lampadari prodotti dalla ditta Reggiani Lampadari di Monza. Didascalie in italiano, inglese e francese. Design grafico a cura dello Studio Tacconi di Milano.

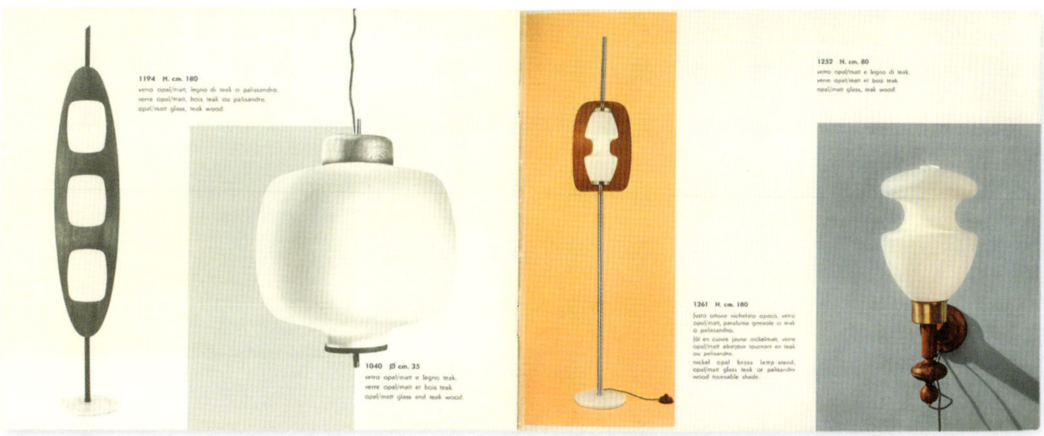

133

133

133 ***Reggiani***, n.p. [Monza], Reggiani Lampadari [printer: Fratelli Bonetti], 1961, 19,8x23,7 cm, paperback binding, pp.[2 in tissue paper]-[24] (including the covers), illustrated cover with three colours , 37 colour and black and white photographs of lamps and chandeliers produced by the Reggiani Lampadari company from Monza. Captions in Italian, English and French. Graphic design by Studio Tacconi from Milan.

RICHARD-GINORI

134 ***Società Ceramica Richard-Ginori. The useful company di Piero Corio***, Milano, S.A. Alfieri & Lacroix, 1938, 17x12 cm, brossura, pp.[24], copertina illustrata a tre colori di Luigi Veronesi. Fascicolo interamente illustrato con figure di impianti sanitari. Design grafico di Luigi Veronesi.

134 ***Società Ceramica Richard - Ginori. The useful company di Piero Corio***, Milan, S.A. Alfieri & Lacroix, 1938, 17x12 cm, paperback binding, pp.[24], cover in three colours designed by Luigi Veronesi. Fully illustrated booklet with depictions of sanitary facilities. Graphic design by Luigi Veronesi.

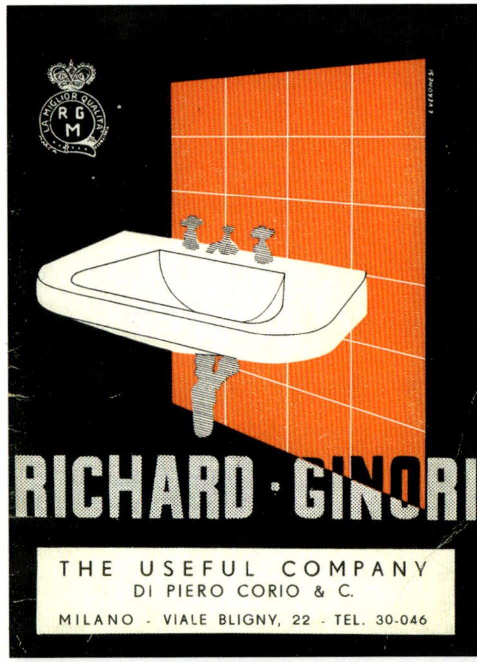

134

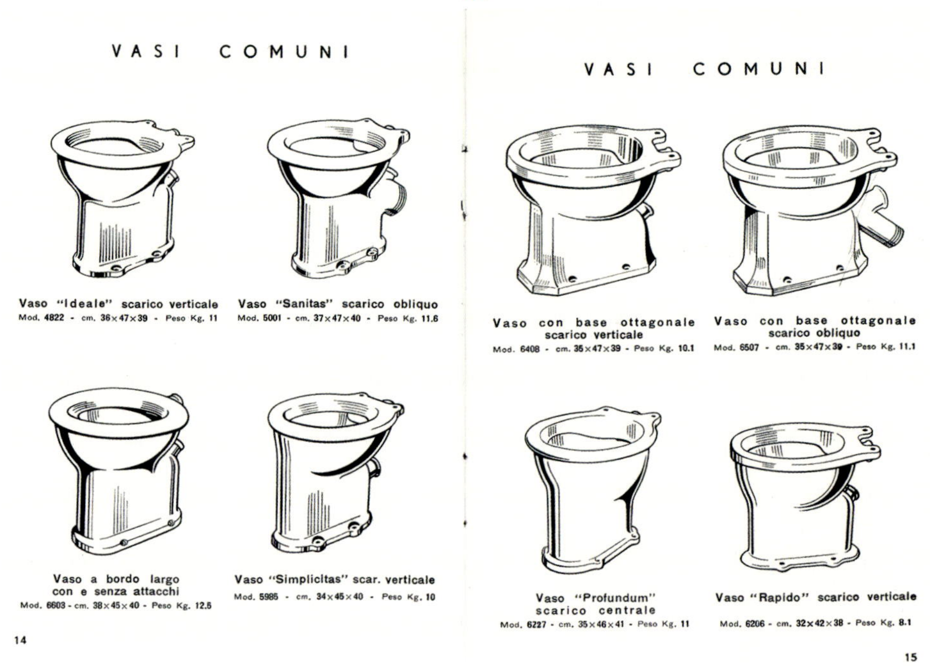

134

RIVA (Attilio)

135

135 ***Mobilificio Attilio Riva***, Milano, Fotoincisioni Bassoli, 1939, 12x16,5 cm, brossura, pp.[32], copertina illustrata al tratto su cartoncino rosso. Catalogo interamente illustrato con immagini fotografiche in bianco e nero di camere da letto, cucine, sale da pranzo e salotti. Design grafico a cura della Fotoincisioni Bassoli.

135 ***Mobilificio Attilio Riva***, Milan, Fotoincisioni Bassoli, 1939, 12x16,5 cm, paperback binding, pp.[32], illustrated cover on red cardboard. Fully illustrated catalogue with black and white images of bedrooms, kitchens, dining rooms and living rooms. Graphic design by Fotoincisioni Bassoli.

136

136 ***Mobilificio Attilio Riva***, Milano, Fotoincisioni Bassoli Milano, senza data [1941], 16,4x11,7 cm, brossura, pp.[32], copertina illustrata a colori. Catalogo interamente illustrato con immagini fotografiche in bianco e nero di camere da letto, sale da pranzo, salotti, anticamere e cucine. Design grafico a cura della Fotoincisioni Bassoli.

136 ***Mobilificio Attilio Riva***, Milan, n.d. [1941], 16,4x11,7 cm, paperback binding, pp.[32], colour illustrated cover. Fully illustrated catalogue with black and white images of bedrooms, dining rooms, living rooms, hallways and kitchens. Graphic design by Fotoincisioni Bassoli.

136

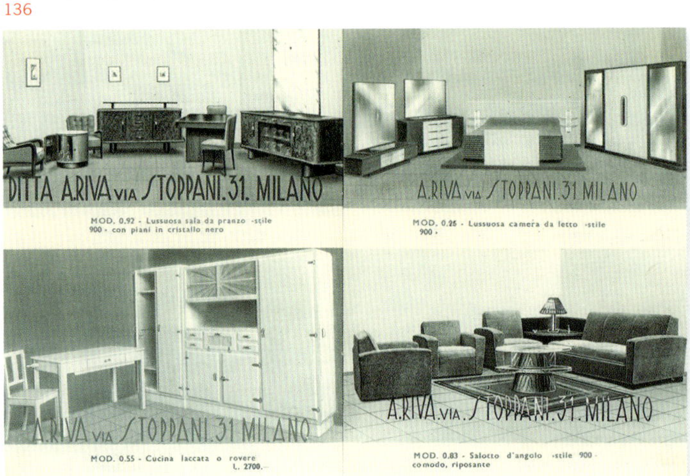

136

ROSSI (Giuseppe)

137

137

137 ***Giuseppe Rossi. Fabbrica ottomane poltrone salotti***, Cavaria (Varese), Giuseppe Rossi, senza data [1939], 16,5x26,5 cm, brossura con laccio in cordoncino, pp.[50], copertina illustrata a colori. Catalogo interamente illustrato con immagini fotografiche in bianco e nero di salotti, divani, poltrone, sommier, divani-letto e ottomane. Design grafico a cura Saita Aquila - Busto Arsizio.

137 ***Giuseppe Rossi. Fabbrica ottomane poltrone salotti***, Cavaria (Varese), Giuseppe Rossi, n.d. [1939], 16,5x26,5 cm, paperback binding with cord, pp.[50], colour illustrated cover. Fully illustrated catalogue with black and white images of living rooms, sofas, armchairs, sofa beds and ottomans Graphic design by Saita Aquila - Busto Arsizio.

ROSSIFLOOR

138

138 ***Wall to Wall***, Marano Vicentino, Ufficio Stampa e Propaganda della Rossifloor, [stampa: Istituto Italiano d'Arti Grafiche - Bergamo], senza data [1960], 22,1x22,5 cm, brossura, pp.[24], copertina illustrata a colori e 26 illustrazioni fotografiche a colori di cui alcune a doppia o piena pagina con immagini di applicazioni del tappeto/pavimento "Wall to wall". Design grafico di C. Morgagni.

138 ***Wall to Wall***, Marano Vicentino, Ufficio Stampa e Propaganda della Rossifloor, [printer: Istituto Italiano d'Arti Grafiche - Bergamo], n.d. [1960], 22,1x22,5 cm, paperback binding, pp.[24], colour illustrated cover and 26 colour photographs some of which are double or full page, featuring applications of the "Wall to wall" carpet/flooring. Graphic design by C. Morgagni.

ROSSINI (Otello)

139 ***Ditta Rossini Otello***, Milano, senza data [1967], 29,2x17 cm, brossura, pp.24, copertina illustrata con un disegno al tratto rosso e bianco. Catalogo interamente illustrato con immagini fotografiche a colori di lampade, applique, plafoniere e lampadari.

139 ***Ditta Rossini Otello***, Milan, n.d. [1967], 29,2x17 cm, paperback binding, pp.24, illustrated cover with a red and white drawing. Fully illustrated catalogue with colour images of lamps, wall lamps, ceiling lamps and chandeliers.

139

211/3-566 - Gruppo di 3 sospensioni bianche satinate - ∅ 45 h. 150 (riduc.).

211/3-566 COL. - Idem con sospensioni colorate satinate.

211/3-567 COL. - Gruppo di 3 sospensioni colorate satinate - ∅ 48 h. 160 (riduc.).

211/3-598 - Gruppo di 3 sospensioni colorate trasparenti e decorate con graniglia - ∅ 40 h. 120.

292/6 - Gruppo di 6 sospensioni formate da 4 cristalli fumè molati - ∅ 50 h. 120 (riducibile).

293/6 - Tipo simile - ∅ 45 h. 120 (riducibile).

P. 12 - Lampada da tavolo flessibile - ∅ 10 h. 25 - Colori assortiti.

P. 56 - Tipo simile - ∅ 14 h. 38.

P. 62 - Lampada T.V. - ∅ 9 h. 18.

P. 74 - Lampada da tavolo flessibile - ∅ 18 h. 40.

P. 77 - Lampada da tavolo con vetro rosso e paralume pieghettato in elaston - ∅ 34 h. 70.

P. 80 - Lampada da tavolo con vetro bianco o colorato - ∅ 26 h. 49.

P. 81 - Lampada da tavolo economica con paralume in raffia - ∅ 31 h. 46.

P. 84 - Lampada in fusione brunita con paralume imitazione seta - ∅ 16 h. 25.

P. 85 - Lampada in fusione brunita con paralume in seta - ∅ 17 h. 25.

P. 86 - Lampada in fusione brunita con paralume imitazione seta - ∅ 19 h. 32.

P. 87 - Lampada in fusione brunita con paralume in chantung - ∅ 20 h. 37.

T. 47 - Lampada con 1 sonspensione colorata satinata - ∅ 30 h. 160. Disponibile anche bianca

T. 48 - Lampada con 2 sospensioni colorate satinate - ∅ 45 h. 170. Disponibile anche con vetri bianchi.

T. 52 - Lampada economica moderna con paralume in canapa - ∅ 50 h. 172.

T. 53 - Lampada con paralume pieghettato in elaston - ∅ 36 h. 166.

T. 54 - Tipo simile - ∅ 47. h. 166.

10

139

SAISA

140

140 ***SAISA S.A. Fabbrica mobili 1938. Milano - Roma***, Roma, Uff. Propaganda Saisa Fabbrica Mobili [stampa: Pizzi & Pizio - Roma], 1938, 24x16,6 cm, brossura, pp.16, 1 fotomontaggio a colori in copertina e 1 fotomontaggio in bianco e nero al retro firmati W. Rossi, 28 illustrazioni a colori nel testo. Design grafico di W. (William) Rossi.

140 ***SAISA S.A. Fabbrica mobili 1938. Milano - Roma***, Rome, Uff. Propaganda Saisa Fabbrica Mobili [printer: Pizzi & Pizio - Rome], 1938, 24x16,6 cm, paperback binding, pp.16, 1 colour photo montage on the front cover and 1 black and white photo montage on the back cover signed W. Rossi, 28 colour illustrations in the text. Graphic design by W. (William) Rossi.

140

140

SALONE DEL MOBILIO

141

141 ***Salone del mobilio. La più grande casa dell'arredamento Milano***, Milano, E. Calamandrei & C., 1929-1930, 17x24,5 cm, brossura, pp.137-[1], copertina tipografica a tre colori di E. Calamandrei. Catalogo interamente illustrato con immagini fotografiche in bianco e nero e disegni a colori di arredamenti moderni e antichizzati. Design grafico di E. Calamandrei.

141 ***Salone del mobilio. La più grande casa dell'arredamento Milano***, Milan, E. Calamandrei & C., 1929-1930, 17x24,5 cm, paperback binding, pp.137-[1], typographic three colour cover by E. Calamandrei. Fully illustrated catalogue with black and white images and colour drawings of modern and antique furnishings. Graphic design by E. Calamandrei.

SANI (Riccardo)

142

142

142 ***Autarchia "IRR". Rinnovamento del mobilio e vasto sviluppo dell'intarsio***. [Ditta Riccardo Sani], Trento - Bolzano, Temi per Autarchia "IRR", senza data [1939], 30x22,7 cm, brossura, pp.[8] (incluse le copertine), 6 illustrazioni in bianco e nero nel testo con riproduzioni fotografiche di mobili in "buxus" disegnati da Fortunato Depero. Testi di Fortunato Depero. Design grafico di Fortunato Depero.

142 ***Autarchia "IRR". Rinnovamento del mobilio e vasto sviluppo dell'intarsio***. [Ditta Riccardo Sani], Trento - Bolzano, Temi per Autarchia "IRR", n.d. [1939], 30x22,7 cm, paperback binding, pp.[8] (including covers), 6 black and white images in the text with photo reproductions of furniture made from "buxus" designed by Fortunato Depero. Texts by Fortunato Depero. Graphic design by Fortunato Depero.

SARRI (Alessio)

143

143

143 ***"Rara avis". XVI ceramic containers for tea, coffee and cocktails produced by Alessio Sarri***, Milano, Nava, 1982, 29,6x20,8 cm, brossura, pp.[12], copertina illustrata a colori, 15 illustrazioni al tratto nel testo con disegni e progetti di contenitori per tè, caffè e cocktail, progettati da Matteo Thun per l'Alessio Sarri di Sesto Fiorentino. Tiratura di 500 esemplari numerati. Design grafico di Matteo Thun.

143 ***"Rara avis". XVI ceramic containers for tea, coffee and cocktails produced by Alessio Sarri***, Milan, Nava, 1982, 29,6x20,8 cm, paperback binding, pp.[12], colour illustrated cover, 15 drawings in the text of designs for containers for tea, coffee and cocktails designed by Matteo Thun for Alessio Sarri from Sesto Fiorentino. Print run of 500 numbered copies. Graphic design by Matteo Thun.

SIMONGAVINA PARADISOTERRESTRE

144

144

144 ***Simongavina paradiso terrestre***, Bologna, Simongavina Paradisoterrestre, [stampa: Tipo-Lito del Commercio (BO)], 1983, 28x21,4 cm, brossura, pp.[8], copertina illustrata in bianco e nero, 2 illustrazioni fotografiche e 10 schizzi su cartoncino color senape con disegni dei modelli in produzione. Testo di Manlio Brusatin. Design grafico di Dino Gavina.

144 ***Simongavina paradiso terrestre***, Bologna, Simongavina Paradisoterrestre, [printer: Tipo-Lito del Commercio (BO)], 1983, 28x21,4 cm, paperback binding, pp.[8], black and white illustrated cover, 2 photographs and 10 mustard-coloured sketches of models in production. Text by Manlio Brusatin. Graphic design by Dino Gavina.

SOLART

145

145 ***Solart. Arredamento negozi***, (1935), 24,5x34,5 cm, legatura in similpelle con una tavola a colori applicata, pp.[24], copertina illustrata a colori, 24 tavole a colori e 24 in bianco e nero con disegni di arredi per negozio.

145 ***Solart. Arredamento negozi***, (1935), 24,5x34,5 cm, leatherette binding with an applied colour plate, pp.[24], colour illustrated cover, 24 colour plates and 24 black and white plates with drawings of furniture for shops.

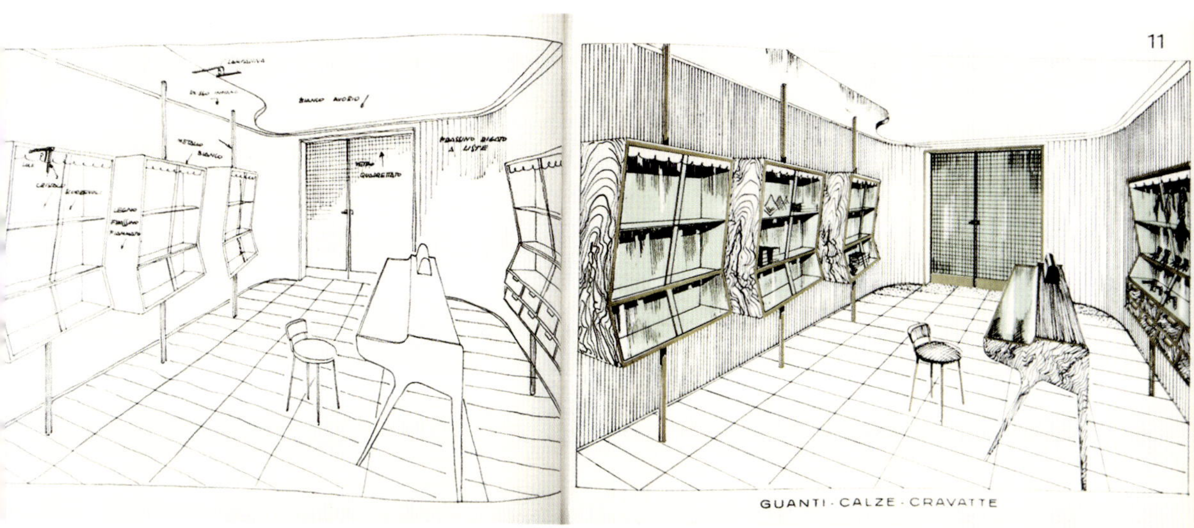

145

SPADA (Luigi)

146

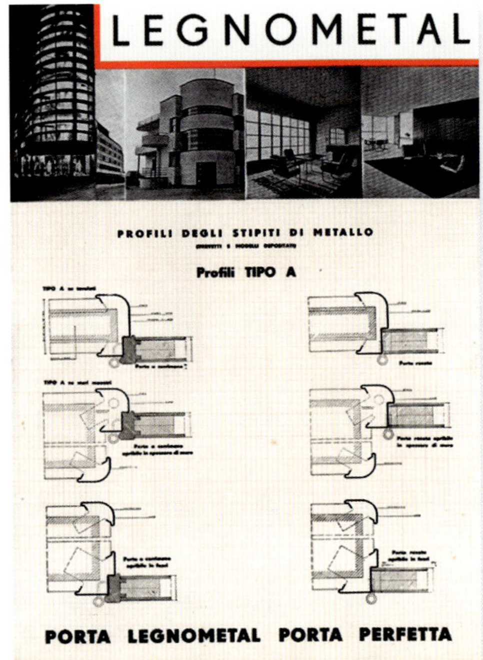

146

146 ***Legnometal. La porta moderna preferita dagli architetti moderni. Ditta Luigi Spada - Costruzioni in Legno - Usmate - Milano***, Usmate - Milano, Ditta Luigi Spada - Tip. Pont Arciv. S. Giuseppe - G. Bellini, senza data [1935 ca.], 29,8x20,8 cm, pieghevole a 3 ante [6 facciate], 1 fotomontaggio in bianco e nero sulla prima facciata e 6 illustrazioni in bianco e nero con immagini di edifici e ambienti razionalisti. Design grafico a cura probabilmente dell'architetto Giuseppe Pagano Pogatschnig.

146 ***Legnometal. La porta moderna preferita dagli architetti moderni. Ditta Luigi Spada - Costruzioni in Legno - Usmate - Milano***, Usmate - Milan, Ditta Luigi Spada - Tip. Pont Arciv. S. Giuseppe - G. Bellini, n.d. [ca. 1935], 29,8x20,8 cm, threefold [6 sides], 1 black and white photo montage on the front side and 6 black and white illustrations of Rationalist buildings and environments. Graphic design likely to have been done by Giuseppe Pagano Pogatschnig.

STILNOVO

147

148

147 ***Stilnovo apparecchi per illuminazione. 25. Topo lamp***, Lainate (MI), Alfieri & Lacroix, senza data [1972], 124x29,8 cm, pieghevole ripiegato in 6 parti [12 facciate] interamente illustrato con immagini fotografiche della lampada "Topo lamp", disegnata da Joe Colombo per la Stilnovo. Fotografie di R. Facchini. Didascalie in italiano, inglese, francese e tedesco. Design grafico di Italo Lupi.

148 ***Stilnovo apparecchi per l'illuminazione. 26 - Sinus lampiatta***, Lainate, Alfieri & Lacroix, senza data [1972], 124x29,8 cm, pieghevole ripiegato in 6 parti [12 facciate] interamente illustrato con immagini fotografiche della lampada "Sinus Lampiatta", disegnata per la Stilnovo dagli architetti Jonathan De Pas, Donato D'Urbino e Paolo Lomazzi. Fotografie di R. Facchini. Didascalie in italiano, francese, inglese e tedesco. Design grafico di Italo Lupi.

147 ***Stilnovo apparecchi per illuminazione. 25. Topo lamp,*** Lainate (MI), Alfieri & Lacroix, n.d. [1972], 124x29,8 cm, sixfold [12 sides] fully illustrated with photographs of the "Topo lamp", designed by Joe Colombo for Stilnovo. Photographs by R. Facchini. Captions in Italian, English, French and German. Graphic design by Italo Lupi.

148 ***Stilnovo apparecchi per l'illuminazione. 26 - Sinus lampiatta***, Lainate, Alfieri & Lacroix, n.d. [1972], 124x29,8 cm, sixfold [12 sides] fully illustrated with photographs of the "Sinus Lampiatta" lamp, designed for Stilnovo by the architects Jonathan De Pas, Donato D'Urbino and Paolo Lomazzi. Photographs by R. Facchini. Captions in Italian, French, English and German. Graphic design by Italo Lupi.

STUDIO 65

149

149 ***Evergreen***, Torino, Stamperia Artistica Nazionale, 1995, 16,2x16 cm, legatura con spirale plastificata, pp.[40], copertina tipografica a due colori, volume interamente illustrato con immagini fotografiche a colori e disegni di multipli prodotti e distribuiti dallo Studio 65 di Torino in edizione limitata. Progetti di: Gianni Arnaudo, Franco Audrito, Adriana Garizio, Roberto Gibello, Giancarlo Paci, Paolo Perotti, Anna Pozzo, Anna Maria Rachetta, Angelica Sampaniotis, Athena Sampaniotou, Maria Schiappa, Jannis Skoulas, Ferruccio Tartaglia, Adriano Vanara. Fotografie di Franco Turcati. Design grafico a cura dello Studio 65.

149 ***Evergreen***, Turin, Stamperia Artistica Nazionale, 1995, 16,2x16 cm, plastic spiral binding, pp.[40], two colour typographic cover, fully illustrated volume with colour photographs and drawings of limited edition multiples produced and distributed by Studio 65 from Turin. Designs by: Gianni Arnaudo, Franco Audrito, Adriana Garizio, Roberto Gibello, Giancarlo Paci, Paolo Perotti, Anna Pozzo, Anna Maria Rachetta, Angelica Sampaniotis, Athena Sampaniotou, Maria Schiappa, Jannis Skoulas, Ferruccio Tartaglia and Adriano Vanara. Photography by Franco Turcati. Graphic design by Studio 65.

149

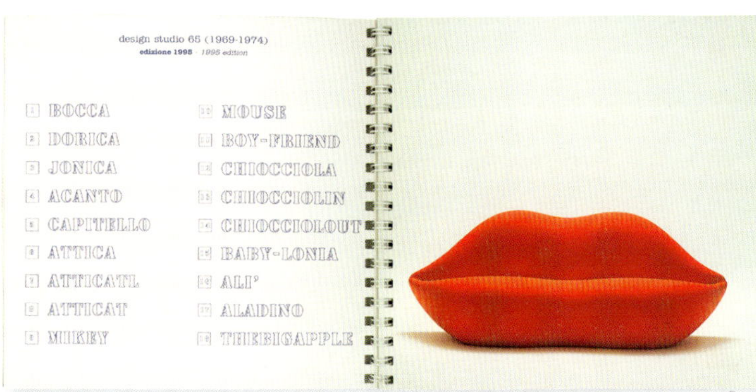

149

TECNO

150

150

150 ***Tecno D70***, Milano, Elli & Pagani, senza data (1954), 16x65,8 cm, pieghevole a 3 ante [6 facciate], copertina illustrata con un fotomontaggio, 3 illustrazioni fotografiche a colori e 6 in bianco e nero nel testo con immagini del divano modello Tecno D 70, disegnato da Osvaldo e Fulgenzio Borsani. Graphic design di Enrico Ciuti.

150 ***Tecno D70***, Milan, Elli & Pagani, n.d. (1954), 16x65,8 cm, threefold [6 sides], cover illustrated with photo montage, 3 colour illustrations and 6 black and white illustrations in the text with images of the Tecno D 70 sofa, designed by Osvaldo and Fulgenzio Borsani. Graphic design by Enrico Ciuti.

151

151 ***Tecno. Mk 2 la sedia d'oggi***, Milano, Tecno, [stampa: Stampa Strada - Sesto S. Giovanni], senza data [1966], 29,5x21 cm, brossura, pp.[8] (comprese le copertine), copertina illustrata in bianco e nero e logo aziendale in rosso. 1 illustrazione fotografica a colori a doppia pagina e 17 illustrazioni fotografiche in bianco e nero con i vari modelli della sedia Mk2 disegnata per la Tecno da Robin Day.

151 ***Tecno. Mk 2 la sedia d'oggi***, Milan, Tecno, [printer: Stampa Strada - Sesto S. Giovanni], n.d. [1966], 29,5x21 cm, paperback binding, pp.[8] (including covers), black and white illustrated cover with company logo in red. 1 double page colour photograph and 17 black and white photographs of the Mk2 chair designed for Tecno by Robin Day.

ULTIMA EDIZIONE

152

152

152

152

152 ***Ultima Edizione. Produzione mobili e complementi per architettura in marmo***, Massa Carrara, Grafiche Mazzucchelli, senza data [1987], 28x21 cm, brossura, pp.[28], copertina illustrata a colori. Catalogo interamente illustrato con immagini fotografiche di fontane, vasche, tavoli, panche, colonne, balaustre, lampade disegnate da Gae Aulenti, Egidio Di Rosa, Piero Giusti, Ettore Sottsass, Marco Zanini. Fotografie Santi Caleca, Aldo Ballo, Studio Azzurro, Andrea Tonazzini. Design grafico a cura dello Studio Sottsass Associati.

152 ***Ultima Edizione. Produzione mobili e complementi per architettura in marmo***, Massa Carrara, Grafiche Mazzucchelli, n.d. [1987], 28x21 cm, paperback binding, pp.[28], colour illustrated cover. Fully illustrated catalogue with photographs of fountains, baths, tables, benches, columns, balusters and lamps designed by Gae Aulenti, Egidio Di Rosa, Piero Giusti, Ettore Sottsass and Marco Zanini. Photographs by Santi Caleca, Aldo Ballo, Studio Azzurro, Andrea Tonazzini. Graphic design by Studio Sottsass Associati.

VERNOCCHI (C. & C.)

153

153 ***Mobili di acciaio cromati e laccati***, Varese, [stampa: "La Tecnografica"], senza data [1935 ca.], 17,2x25,2 cm, brossura, pp.40, copertina tipografica a tre colori (grigio, rosso, azzurro). Opuscolo interamente illustrato con immagini fotografiche in bianco e nero di mobili cromati per ufficio, lettini, mobili da giardino, arredamenti per ospedali, cliniche e istituti.

153 ***Mobili di acciaio cromati e laccati***, Varese, [printer: "La Tecnografica"], n.d. [ca. 1935], 17,2x25,2 cm, paperback binding, pp.40, typographic three colour cover (grey, red and blue). Fully illustrated catalogue with black and white images of chrome furniture for offices, bedrooms, garden furniture, and furniture for hospitals, clinics and institutes.

BIBLIOGRAFIA ESSENZIALE

AA.VV., *Lo Studio Boggeri 1933 - 1973. Comunicazione visuale e grafica applicata*, Milano, Pizzi, 1974

AA.VV., *Kartell. 1949-1984. Progetti per il presente*, Noviglio, Kartell s.p.a., 1984

AA.VV., *Visual Design. 50 anni di produzione in Italia*, Milano, Idealibri, 1984

AA.VV., *Sagsa. Il legame virtuoso. Gio Ponti, i committenti, i fornitori*, Milano, Sagsa s.p.a., 2004

AA.VV., *TDM 5: Grafica Italiana*, Mantova, Corraini, 2012

Anceschi G., *Sfumature semantiche di Iliprandi. Giancarlo Iliprandi, Ricerca e/o sperimentazione*, Torino, Edizioni Progresso Grafico, 2009

Baroni D., Vitta M., *Storia del design grafico*, Milano, Longanesi & C., 2003

Belli G., Avanzi B., *Depero Pubblicitario*, Milano, Skira, 2007

De Fusco R., *Made in Italy. Storia del design italiano*, Bari, Editori Laterza, 2007

Dorfles G., *Le oscillazioni del gusto*, Milano, Lerici, 1958

Dorfles G., *Il disegno industriale e la sua estetica*, Bologna, Cappelli Editore, 1963

Dorfles G., *Introduzione al disegno industriale. Linguaggio e storia della produzione di serie*, Torino, Piccola Biblioteca Einaudi, 1972

Faita A., Tonini B., *Documenti del design in Italia*, Gussago, L'Arengario, 2013

Falcinelli R., *Critica portatile al visual design*, Torino, Einaudi, 2014

Fioravanti G., Passarelli L., Sfligiotti S., *La grafica in Italia*, Milano, Leonardo Arte, 1997

Fanelli G., Godoli E., *Il Futurismo e la grafica*, Milano, Edizioni di Comunità, 1988

Fossati P., *Il design*, Roma, Tattilo Editrice, 1973

Frateili E., *Continuità e trasformazione. Una storia del disegno industriale italiano 1923/1988*, Milano, Alberto Greco Editore, 1989

Maffei G., Tonini B. (a cura di), *I libri di Ettore Sottsass*, Mantova, Corraini, 2011

Pansera A., *Flessibili splendori. I mobili in tubolare metallico. Il caso Columbus*, Milano, Electa, 1998

Persico E., *Sulla pubblicità*, scritto inedito,(1935) in Veronesi G., *Persico Edoardo. Tutte le opere 1923 - 1935*, Milano, 1964

Pittèri D., *La pubblicità in Italia. Dal dopoguerra a oggi*, Roma-Bari, Editori Laterza, 2002

Priarone G., *Grafica pubblicitaria in Italia negli anni Trenta*, Firenze, Cantini, 1989

Rosselli A., *Grafici e Industrial Design* (in "Stile Industria" n. 37), Milano (1962 aprile)

Salaris C., *Il Futurismo e la pubblicità*, Milano, Lupetti & Co., 1986

Salaris C., *Storia del Futurismo*, Roma, Editori Riuniti, 1992

Salaris C., *La rivoluzione tipografica*, Milano, Edizioni Sylvestre Bonnard, 2001

Scudiero M., *Depero per Campari*, Milano, Fabbri, 1989

Steiner A., *Il mestiere di grafico*, Torino, Einaudi, 1978

Tonini P., *Design del libro e storia dell'industria*, Gussago, L'Arengario, 2013

Vercelloni V., *L'avventura del design: Gavina*, Milano, Jaca Book, 1980

Vinti C., *Gli anni dello stile industriale, 1948-1965*, Venezia, Marsilio Editori, 2007

Vitta M., *Il progetto della bellezza. Il design fra arte e tecnica, 1851-2001*, Torino, Piccola Biblioteca Einaudi, 2001

INDICE DEI NOMI

Grafica e Industria
Graphics and Industry

A cura di Edited by
Bruno Tonini

Prefazione di Preface by
Chantal Lachkar

Ringraziamenti Acknowledgments
Alessandra Faita (Gussago), Archivio Lafuente (Santander), L'Arengario Studio Bibliografico (Gussago), Les Arts Décoratifs (Paris), Federica Lucarelli (Pistoia), Giorgio Maffei (Torino), Giampiero Mughini (Roma), Sergio Polano (Cividale del Friuli), Italo Rota (Milano), Alessandro Santero (Asti), Amelia e Riccardo Sozio (Treviglio), Maurizio Scudiero (Rovereto), Studio Ettore Sottsass (Milano), Jan Van der Donk (Modena)

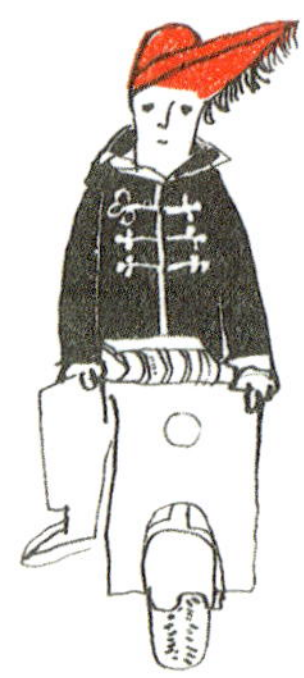

Book design
corrainiStudio

Traduzione di Translation by
David Kelly

Tutte le immagini sono dovute alla disponibilità di
All the images were provided by courtesy of
Arengario Studio Bibliografico di Gussago (BS)

Stampato in Italia da Printed in Italy by
Publi Paolini, Mantova
agosto August 2015

Maurizio Corraini s.r.l.
via Ippolito Nievo, 7/A
46100 Mantova, Italia
tel. 0039 0376 322753
fax: 0039 0376 365566
e-mail: info@corraini.com
www.corraini.com

Questo libro viene pubblicato in occasione della mostra "Graphisme et Industrie. Des catalogues commerciaux de design italiens, 1906-2002" che si terrà preso la Bibliotèque des Arts Décoratifs di Parigi dal 9 settembre al 24 dicembre 2015.
This book is being published in conjunction with the exhibition entitled "Graphisme et Industrie. Des catalogues commerciaux de design italiens, 1906-2002" which will begin at the Bibliotèque des Arts Décoratifs of Paris from the 9th September to the 24th of December 2015.

Si desidera ringraziare lo staff della Bibliotèque des Arts Décoratifs di Parigi e particolarmente Laure Haberschill, Yann Onfroy e Cécile Huguet.
We would like to thank the staff of Bibliotèque des Arts Décoratifs of Paris and especially Laure Haberschill, Yann Onfroy and Cécile Huguet.